数学が育っていく物語／第1週

絵　村井宗二

数学が育っていく物語／第1週

# 極限の深み

数列と級数

志賀浩二著

岩波書店

## 読者へのメッセージ

　本書は，2年前に私が著わした『数学が生まれる物語』の続編として書かれたものです．『数学が生まれる物語』では，数の誕生からはじめて，2次方程式やグラフのことを述べ，さらに微積分のごく基本的な部分や，解析幾何に関係することにも触れました．それは全体としてみれば，十分とはいえないとしても，中学校から高等学校までの教育の中で取り扱われる数学を包括する物語でした．

　しかし，数学が本当に数学らしい深さと広がりをもって私たちの前に現われてくるのは，この『数学が生まれる物語』が終った場所からであるといってもよいでしょう．そこからこんどは『数学が育っていく物語』がはじまります．そこで新しく展開していく内容は，ふつうのいい方では，大学レベルの数学ということになるかもしれません．でも私は，大学での数学などという既成の枠組みは少しも念頭にありませんでした．

　私が本書を執筆するにあたって，最初に思い描いたのは，苗木から少しずつ育って大樹となっていく1本の木の姿でした．苗木の細い幹から小枝が出，小枝の先に葉がつき，季節の到来とともに，葉と葉の間から小さな花芽がふくらんできます．毎年，毎年同じようなことを繰り返しながら，木は確実に大きくなり，1本のたくましい木へと成長していきます．

　古代バビロニアにおける天体観測を通して，さまざまな数が粘土板上に記録されることになりましたが，それを数学の種子が土壌に最初にまかれたときであると考えるならば，それから現在まで4000年以上の歳月がたちました．また古代ギリシャ人の手によって，バビロニアとエジプトから数学の苗木がギリシャに移しかえられ，そこで大切に育てられたと考えても，それからすでに2500年の歴史が過ぎました．しかし，この歴史の過程の中で，数学がつねに同じ足取りで成長を続けてきたわけではありませんでした．数学が成長へ向けての大きなエネルギーを得たのは，17世紀後半からであり，その後多くのすぐれた数学者の努力により，数学は急速に発展してきました．そして科学諸分野への応用もあって，時代の文化の1つの表象とも考えられるような大きな姿を，現代数学は示すようになってきたのです．数学は大樹へと成長しました．

　本書でこの過程のすべてを描くことはもちろん不可能ですが，それでもその中

に見られる数学の育っていく姿だけは読者に伝えたいと思いました．しかしそれをどのように書いたらよいのか，執筆の構想はなかなか思い浮かびませんでした．そうしているとき，ふと，いつか庭木を掘り起こしたとき，木の根が土中深く，また細い糸のような根がはるか遠くまで延びているのに驚いたことを思い出しました．私がそのとき受けた感銘は，1本の木が育つということは，木全体が1つの総合体として育っていくことであり，土中深く根を張っていく力が，同時に花を咲かせる力にもなっているということでした．本書を著わす視点をそこにおくことにしようと，私は決めました．

　土の中で，根が少しずつ育っていく状況は，数学がその創造の過程で，暗い，まだ光の見えない所に手を延ばし，未知の真理を探し求めるさまによく似ています．私は数学のこの隠れた働きに眼を凝らし，意識を向けながら，そこからいかに多くの実りが，数学にもたらされたかを書こうと思いました．

　私は，読者が本書を通して，数学という学問は，1本の木が育つように，少しずつ確実に，そしていわば全力をつくして，歴史の中を歩んできたのだ，ということを読みとっていただければ有難いと思います．

　　1994年1月

志賀浩二

# 第1週のはじめに

　数学は，数の概念を誕生させたとき，すでに無限という深淵をその中に包みこんでしまいました．自然数の全体は無限です．さらに実数へくると，個々の実数の存在そのものの中に，実数の連続性という極限概念が加わってきますが，この連続性によって，たとえば円周率 $\pi$ が無限小数で表わされる数であるという認識が確立したわけです．1つ1つの実数は，無限概念によってしっかりと支えられています．

　実数の中の無限概念は，はるかに一般的な適用性をもつ極限という表現形式により，数学の中に取り入れられ，それは数列の収束性に関するいくつかの基本命題として述べられることになりました．この数列の収束性は，算術の足し算を果てしなく続けていったらどうなるだろうかという，ごく基本的な発想と結びついて，級数の概念を生むことになりました．級数は，算術の世界と極限の世界を結びつけることになり，さらにベキ級数の概念を通して算術と解析学とが互いに深い関連性を示すようになりました．

　実際は，歴史的には幾何学的な感覚や，時間・空間を通しての直観から，数学の中で近づくという意識や極限の考えが育ち，その中で微分積分が生まれてきたのですが，やがて微積分を支える実数という数体系を，もっと堅固なものにしなければいけないという批判が生じ，そこに実数の連続性という概念が取り出されてきたのです．私たちはここでは，この歴史の順序に逆行するようですが，実数の連続性を基盤として，極限，数列の収束，級数としだいに数学が組み立てられ，やがてベキ級数という概念の投入によって，連続性が広い世界へと躍り出て，解析学の花が開くようになる，その入口までの道を述べようと思います．

# 目　次

読者へのメッセージ

第1週のはじめに

| | | |
|---|---|---|
| 月曜日 | 極限と連続性 ………………………… | 1 |
| 火曜日 | 収　束 …………………………………… | 21 |
| 水曜日 | 級　数 …………………………………… | 41 |
| 木曜日 | 絶対収束と条件収束 …………………… | 61 |
| 金曜日 | ベキ級数 ………………………………… | 83 |
| 土曜日 | ベキ級数の表わす関数 ………………… | 105 |
| 日曜日 | オイラー数学の光 ……………………… | 129 |

問題の解答 ………………………… 141

索　引 ……………………………… 145

月曜日

# 極限と連続性

# 幕開け前

　17世紀後半に，ヨーロッパの暗い夜空にきらめく数えきれないほど多くの星の中から，1つの星が，大空を切るように一条の光跡を残して，この地上へと弧を描いて降りてきたようであった．この星は，広大な宇宙を統べる時間・空間の神秘的な摂理を私たちに示唆し，そして私たちの理性によって解明できるものは，数学の言葉によって明らかにするようにとの暗示をたずさえて降りてきたのかもしれない．実際，ニュートンとライプニッツというこの時代の二人の天才の脳裏にひらめくようにして得られた微分積分の創造は，何かある天からの啓示によって与えられたのではないかと思わせるほど，深遠で広汎な影響をその後の学問の流れに与え続けてきたのである．

　二人が確立した，極限概念によって支えられた新しい数学の誕生は，変量が極限まで到達したという状況を想定して，そこに得られるさまざまな量を，等しいとおいてみたり，大小を比較したり，足したり，引いたり，かけたりしてみるという不思議な数学の考えを体系づけることに成功した．それは人間の知恵の深奥から湧き上がってきたものであって，数学の中では，それによって実数と関数の世界が大きく広がったが，一方，それを手がかりとして，古代からの天文学者たちが解明できなかった天体の謎に力学的な考えで近づく道をも提示したのである．それは微分とよばれる学問の誕生を意味している．

　それとは別に，遠い遠い昔から，長さを測ったり，面積を測ったりすることは，人間にとって欠かせないものとなっていた．単に耕地の大小をくらべるというだけでなくて，材料を用意し，組み立てて道具をつくっていくときには，"測る"ということはもっとも基本的な操作であった．いかに測り，またその測った量をいかに表わしていくかということは，同時に文化の深さを測る1つの尺度にもなってきたのである．

この"ものを測る"ということは、量としての数概念をしだいに育ててきたが、また面積概念を通して積分の思想を長い歳月をかけて育成し、そこにまた近世数学の考えを芽生えさせてきたのである。

　たとえは適切かどうかわからないが、微分を天からの啓示とすれば、積分は地の恵みといってよいだろう。この2つのものは数学の中で融合し、大きな流れを形づくることになった。そしてここに総合化されて得られた数学の体系は、現代科学の隅々にまで深く浸透し、私たちは、いわば数学の風景を語るこの言葉を通して、自然と人間理性との予定調和をつねに感じとることができる、ということになったのである。

　私たちの長い物語は、この微積分の枠組みの中にしっかりと組み込まれた極限の話からはじめていくことにしよう。

## 極限概念の誕生

　微分積分を支える極限という概念がどのようにして育ち、そしてそれがどんなに捉えにくいものかということを、少し話してみよう。

　図形の面積を測るとき、大昔から人々を手こずらせたのは、円の面積をどのようにして求めるかということであった。木を切り倒してみれば切り口は円い形をしているし、夜空の満月も円い形をしている。円はもっとも整った形をした図形として、私たちの前に現われてくる。

　半径1の円の面積を$\pi$とすれば、半径$r$の円の面積は$\pi r^2$となることや、また半径1の円の周の長さが$2\pi$となることは、かなり昔から知られていたようである。しかし、この$\pi$とはどんな数なのだろうか。紀元前2000年頃にバビロニア人は

$$\pi = 3\frac{1}{8} \quad (=3.125)$$

を知っていたというし、エジプト人は

$$\pi = 4 \times \left(\frac{8}{9}\right)^2 \quad (\fallingdotseq 3.160)$$

を知っていたという．彼らは円の周を実測したり，長方形を細分しながら円の内部を詰めていって，その面積を求めることを試みていたのだろう．

アルキメデス（287?-212 B.C.）は円に内接する正六角形からはじめて，辺の数を次々に2倍しながら正96角形に達し

$$3\frac{10}{71} < \pi < 3\frac{1}{7}$$

$\left(3\frac{10}{71}=3.1408\cdots,\ 3\frac{1}{7}=3.1428\cdots\right)$ を求め，また紀元5世紀頃，中国南宋の科学者祖沖之（429-500）は，

$$3.1415926 < \pi < 3.1415927$$

を求めている．

その後も時代とともに，数学者の努力によって，$\pi$の近似値の精度はしだいに上がってきた．いろいろな国でたくさんの人たちが3.14の先につながる小数の値を徐々に明らかにしていったのであるが，この作業に決して終りはないだろうという誰もが感ずる漠然とした予感は，18世紀後半にランベルトとルジャンドルにより確かめられた．すなわち"$\pi$は無理数である"という事実によって数学的な根拠を得たのである．単に円の面積を求めるという実用上の目的だけならば，小数点以下4桁くらい，すなわち$\pi \doteqdot 3.1416$を採用しておけば，十分といってよいだろう．しかしいつしか人間の知的好奇心は，円の面積を実測するという測量術の範囲を越えて，$\pi$の正確な値を知りたいという方向へと進んでいったのである．そのとき集中した意識の先に見えてくるのは，小数点のはるか先につながる数字の列であった．それはものの個数を数えたり，ものの集りに順序をつけるとき，$1, 2, 3, \cdots$という数を用いたのとはまったく別の数学の世界へと足を踏みこませていく契機を与えることになったのである．

しかし，円の面積を測るという実用上の目的から離れて，純粋に理論上の関心から$\pi$の値を求めようということになれば，$\pi$は無限小数によってしか表わされない数なのだから，このような$\pi$の値を求める果てしない追求はどのような意味をもつのかということに

なるだろう．最近ではスーパーコンピューターを使って，小数点以下1億とか2億の桁まで$\pi$の値を求められるようになったが，その恐るべき数字の列さえも，究極に現われる$\pi$の無限小数展開という観点に立ってみれば，大海の中の1滴にすぎないともいえるのである．

　$\pi$の究極の値は決して知ることはできないということは，厳然たる事実である．それにもかかわらず，私たちが$\pi$を実在の数と考えるのは，この数の背後に円があるからである．半径1の円に内接する正$n$角形は面積$S_n$をもち，$\pi$の値は，$n$を大きくとれば，いくらでも$S_n$によって近似することができるということを知っているからである．すなわち，いくらでも近似していくことができるという考え，いいかえれば極限の概念が$\pi$の存在感を支えているといってよいだろう．数学の記号を使えば，このことは

$$\pi = \lim_{n \to \infty} S_n$$

と表わされる．

　このように円の面積を求めようとするとき生じてくる極限概念は，幾何学的なものに深く根ざしているが，もしこの立場だけに止まっていたならば，私たちは図形の長さや面積から得られる特定の無理数，たとえば$\sqrt{2}$や$\sqrt{3}$や$\sqrt{2\pi}$などの具体的に表示された無理数をどのようにして小数（または分数）で近似していくかということだけを考えていくことになったろう．

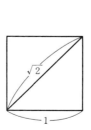 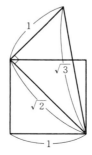 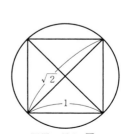

円周の長さ$\sqrt{2}\pi$

## 近づくという意識と極限概念

　しかし図形から一歩離れて，"近づく"という意識の方にだけ注目してみよう．そうすると，私たちは日常の生活において，時間の流れの中でも，あるいは目的地に向かって歩いたり，走ったりする行動の中でも，いつでもこの意識を養っていることがわかる．このときには，πというような特定の数に近づくという感じは消えている．時計の針の動きを見てもわかるように，時間はつねに未来のある時へと近づいている．

　一方ではπの正確な値を知りたいという欲求から生じた無限小数表示という，果てしない数の列を追っていく，数の表現に対する問題意識があり，他方ではどのような時刻や場所にもしだいに近づいていけるという時空の直観から生ずる"近づく"という動的な意識——感覚といった方が適切かもしれない——がある．この2つの意識は明らかに異なる方向を目指しているが，数学の上では最終的にはこの2つは1つに融合する場所を見出したのである．それは実数概念の導入であった．

　よく知られているように，実数は数直線上の点として表わされている．数直線上の点は，いわばどの点も均質であって，特定のいくつかの点が意味をもっているというようにはなっていない．どの点も別の点へ数直線全体を移動することによって重ねることができる．このことは，時間の流れの中で，どの時間をとってみても，それは刻一刻と過ぎていく1つの時間にすぎないということを，数直線上の点表現として捉えたことになっている．一方，数直線上の1点に注目して，それを1つの実数として取り出せば，無限小数として表示することができるということは，πの正確な数値を求めようとして，長い歴史の中で数学が"実験"を繰り返してきたところから得られた，疑いようもない明らかな感覚であった．この感覚は，『数学が生まれる物語』の第2週で述べたように，19世紀後半になって，実数の連続性として数学の中ではっきりとした形で定式化され

ることになった．

　個々の実数の存在は，無限小数として表わされるということで保証されるが，その考えの中にはすでに極限概念を含んでいる．また総合体としての実数も，全体としては"近づく"という考えによって捉えられており，数直線上で実数は変数となって自由に動きまわるのである．しかし，実際のところ，この2つの極限概念の意味するものの中には，何か深淵をのぞきこむような謎めいたものがある．それは，誰も $\pi$ の無限小数展開の最後まで見ることができない，という事実が示している．あるいはツェノンの逆理は，いまもなお消えていないといった方がよいかもしれない．だが，この謎は，lim という記号の中に深く包みこまれて，この独特なトーンをひめた極限概念を表わす表現形式の上に，実数概念が完成するということになった．そしてその上に，微分積分の体系が組み立てられていくのである．

## 実数の連続性

　半径1の円に内接する正 $n$ 角形の面積を $S_n$，外接する正 $n$ 角形の面積を $S_n'$ とすると，明らかに

$$S_3 < S_4 < \cdots < S_n < \cdots < S_n' < \cdots < S_4' < S_3'$$
$$S_n' - S_n \longrightarrow 0 \quad (n \to \infty)$$

が成り立つ．私たちは，この $S_n$ と $S_n'$ ($n=3,4,5,\cdots$) の間に挟まれた数がただ1つあって，その数こそが，半径1の円の面積を与え

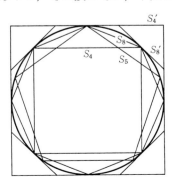

る数 $\pi$ であることを，いつしか確認してしまったようになっている．$\pi$ だけではなく，数直線上の点として表わされるどのような数に対しても，この性質を要請しておこうというのが実数の連続性であり，それによって実数の数体系が確立したのである．

> ［実数の連続性］ 2つの実数列
> $$a_1, a_2, \cdots, a_n, \cdots, \quad b_1, b_2, \cdots, b_n, \cdots$$
> が，次の2つの性質(i),(ii)をみたしているとする．
> (ⅰ) $a_1 < a_2 < \cdots < a_n < \cdots < b_n < \cdots < b_2 < b_1$
> (ⅱ) $b_n - a_n \longrightarrow 0 \quad (n \to \infty)$
> このとき，ただ1つの実数 $\alpha$ が存在して
> $$a_n < \alpha < b_n \quad (n = 1, 2, 3, \cdots)$$
> が成り立つ．

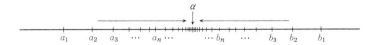

♣ (i)をもう少し一般的にして
$$a_1 \leqq a_2 \leqq \cdots \leqq a_n \leqq \cdots \leqq b_n \leqq \cdots \leqq b_2 \leqq b_1$$
と表わすこともある．このようにしても本質的な内容は変わらない．このとき結論は，"ただ1つの実数 $\alpha$ が存在して $a_n \leqq \alpha \leqq b_n (n=1,2,3,\cdots)$"となる．

この $\alpha$ は，実数列 $a_1, a_2, \cdots$ と $b_1, b_2, \cdots$ の共通の極限値であるといい，このことを記号で

$$\alpha = \lim_{n\to\infty} a_n = \lim_{n\to\infty} b_n$$

と表わす．

この［実数の連続性］が実数概念の構成にどのような役割りを果たしてきたかについては，『数学が生まれる物語』第2週で詳しく述べてきたので，ここではそのことは繰り返さない．私たちはこの

［実数の連続性］を認めた上で，さまざまな様相をとって現われる極限の姿を数学的に正しく定式化して捉えていくことを試みてみることにしよう．

その方向をとったとき，まず最初に気がつくことは，［実数の連続性］は，時間がある時刻へと刻々と近づいているという極限の感じを必ずしも表わしていないということである．時間はつねに過去から未来の方向へと進んでいく．時間の流れの中からは，ある時刻に近づいていく時間の列が，［実数の連続性］で示されるような，過去と未来の両方向からはさまれるようにしてこの時刻に近づくような感じは，ふつうの感覚では捉えられないだろう．

その点に注目すると，このような場合，連続性の別の表現として次の形のものを採用しておく方が，もっと適切ではないかと思えてくる．

まず準備として，数列が上に有界であるという概念を導入しておこう．数列 $a_1, a_2, \cdots, a_n, \cdots$ が**上に有界**であるとは，$n$ が大きくなるとき，$a_n$ はどこまでも大きくならないこと，すなわちある数 $K$ が存在して

$$a_n < K \quad (n=1, 2, \cdots)$$

が成り立つことである．数直線上でいえば，$a_1, a_2, \cdots, a_n, \cdots$ はすべて $K$ の左側にあるということになる．

このとき［実数の連続性］は実は次のように述べることもできる．

> ［有界な増加数列の収束性］ 実数の増加列
> $$a_1 \leqq a_2 \leqq \cdots \leqq a_n \leqq \cdots$$
> は上に有界とする．このとき，ある実数 $\alpha$ が存在して，$n \to \infty$ のとき $a_n$ は $\alpha$ に限りなく近づいていく．

この結論は，極限の記号を使えば，"ある実数 $\alpha$ が存在して

$$\lim_{n\to\infty} a_n = \alpha$$

が成り立つ"と書いてもよい．$\alpha$ は，いわば数列 $a_1, a_2, \cdots, a_n, \cdots$ の究極のゴールである．このとき数列 $a_1, a_2, \cdots, a_n, \cdots$ は $n\to\infty$ のとき $\alpha$ に**収束する**という．

私たちはこれからこの[有界な増加数列の収束性]を[実数の連続性]から導いてみることにし，それを証明の形で述べることにしよう．

## 証　　明

そのために上に有界な増加数列
$$a_1 \leqq a_2 \leqq \cdots \leqq a_n \leqq \cdots < K$$
から，まずあらたに数列
$$a_1' \leqq a_2' \leqq \cdots \leqq a_n' \leqq \cdots \leqq b_n' \leqq \cdots \leqq b_2' \leqq b_1'$$
で
$$b_n' - a_n' \longrightarrow 0 \quad (n\to\infty)$$
をみたすものをつくることにする．そうすると実数の連続性から
$$\alpha = \lim_{n\to\infty} a_n' = \lim_{n\to\infty} b_n'$$
となる実数 $\alpha$ の存在が保証されるが，この $\alpha$ がちょうど
$$\lim_{n\to\infty} a_n = \alpha$$
となる，という少しまわりくどい証明をする．

♣ 要するに，時間の流れにたとえてみると，過去の方からある時刻に近づくデータ $a_1 \leqq a_2 \leqq \cdots \leqq a_n \leqq \cdots$ が与えられたとしても，まだはっきりしない時刻に対して，未来の方からも近づく時間の列を見出すことは，そうやさしいことではないということである．

まず数直線を次のような左半分 $A$ と右半分 $B$ の2つの部分にわける：

$A$ はある $n$ をとると $x \leqq a_n$ が成り立つような $x$ の全体,

$B$ はすべての $n$ に対して $a_n < x$ が成り立つような $x$ の全体.

$A, B$ がどのような点からなるかは,図を見た方がわかりやすい. $A$ に属する点 $x$ の右側にはある $a_n$ が存在しているが,$B$ に属する点 $x$ をとると,($x$ を含めて)$x$ の右側には 1 つも $a_n$ は存在しない.

したがって
$$a_1, a_2, \cdots, a_n, \cdots \in A$$
$$K \in B$$
となっている.

♣ デデキントの切断による連続性のいい表わし方を知っている読者は, $(A, B)$ は実数の 1 つの切断を与えており,この切断を与える実数 $\alpha$ が,求める $\alpha$ となっていることを上の図から推察することができるだろう. (これについては火曜日「先生の話」参照.)


まず
$$a_1' = a_1, \quad b_1' = K$$
とおく.次に $a_1'$ と $b_1'$ の中点 $\dfrac{a_1' + b_1'}{2}$ を考える.この中点は $A$ に属しているか,$B$ に属しているかのいずれかである.そこで

$\dfrac{a_1' + b_1'}{2} \in A$ ならば

$$a_2' = \frac{a_1' + b_1'}{2}, \quad b_2' = b_1' \quad \text{とおき},$$

$\dfrac{a_1' + b_1'}{2} \in B$ ならば

$$a_2' = a_1', \quad b_2' = \frac{a_1' + b_1'}{2} \quad \text{とおく}.$$

次に $a_2'$ と $b_2'$ の中点 $\dfrac{a_2' + b_2'}{2}$ を考え,同じように二通りの場合に応じて

$$\frac{a_2'+b_2'}{2} \in A \text{ ならば}$$

$$a_3' = \frac{a_2'+b_2'}{2}, \quad b_3' = b_2' \text{ とおき,}$$

$$\frac{a_2'+b_2'}{2} \in B \text{ ならば}$$

$$a_3' = a_2', \quad b_3' = \frac{a_2'+b_2'}{2} \text{ とおく.}$$

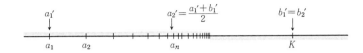

以下，このように順次中点をとって，それが $A$ に属するか，$B$ に属するかによって数列を決めていくことにする．すなわち，$a_1'$, $a_2'$, $\cdots$, $a_n'$ ; $b_1'$, $b_2'$, $\cdots$, $b_n'$ まで決まったとき，$\frac{a_n'+b_n'}{2}$ が $A$ に属するときには，この点を $a_{n+1}'$ として $b_{n+1}'=b_n'$ とする．また $\frac{a_n'+b_n'}{2}$ が $B$ に属するときには，この点を $b_{n+1}'$ として，$a_{n+1}'=a_n'$ とする．

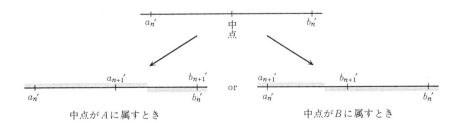

このようにして数列 $a_1', a_2', \cdots, a_n', \cdots$ ; $b_1', b_2', \cdots, b_n', \cdots$ が決まってくるが，この数列は次の性質をもっている：

（ⅰ）$a_n' \in A$, $b_n' \in B$ （$n=1, 2, \cdots$）

（ⅱ）$a_1' \leqq a_2' \leqq \cdots \leqq a_n' \leqq \cdots \leqq b_n' \leqq \cdots \leqq b_2' \leqq b_1'$

（ⅲ）$b_n' - a_n' = \frac{1}{2^{n-1}}(b_1' - a_1')$

(i)は作り方から明らかだろう．(ii)は，一般に

$$a_n' \leqq \frac{a_n' + b_n'}{2} \leqq b_n'$$

が成り立つことからわかる．(iii)は，$a_{n-1}', b_{n-1}'$ から $a_n', b_n'$ へ移るとき，どちらか一方は $a_{n-1}'$ と $b_{n-1}'$ の中点へと移るのだから

$$b_n' - a_n' = \frac{1}{2}(b_{n-1}' - a_{n-1}')$$

となるからである．

(iii)から，$n \to \infty$ のとき，$b_n' - a_n' \to 0$ となるから，実数の連続性によって，ただ1つの実数 $\alpha$ が存在して

$$\alpha = \lim_{n \to \infty} a_n' = \lim_{n \to \infty} b_n'$$

となる．

この $\alpha$ に対して，実は

$$\alpha = \lim_{n \to \infty} a_n$$

が成り立っている．それをみるには次のようにするとよい．

十分小さい正の値，たとえば $\frac{1}{1000}$ をとってみよう．$\alpha = \lim_{n \to \infty} a_n'$ だから，$\alpha$ の左の方 $\frac{1}{1000}$ の範囲には，必ずある $a_n'$ がある．ところが(i)により，$a_n'$ は $A$ に属しているから，ある番号 $N$ をとると

$$a_n' \leqq a_N$$

となるような，$a_N$ が存在している．

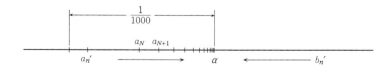

さて，$a_N, a_{N+1}, \cdots$ はしだいに増加していくが，$\alpha$ を越えることはない．もし $\alpha$ を越えて，$\alpha < a_M$ となるような $a_M$ があったとすると，$\alpha = \lim_{n \to \infty} b_n'$（右から近づく！）だから，$\alpha < b_m' < a_M$ となる $b_m'$ があることになる．(i)により $b_m' \in B$ であり，したがって実際は $b_m'$ を越えるような $a_M$ は存在していないはずであり，これで矛盾が得

られた．

　結局，
$$\alpha - \frac{1}{1000} < a_N \leqq a_{N+1} \leqq \cdots \leqq \alpha \qquad (1)$$
が成り立つことがわかった．$\frac{1}{1000}$ の代りに，もっと小さい正数をとっても，番号 $N$ さえそれに応じて十分大きくとっておけば，（1）と同様のことは成り立つ．このことは $n$ を大きくしていくと，$a_n$ はいくらでも（左から）$\alpha$ に近づくこと，すなわち
$$\lim_{n \to \infty} a_n = \alpha$$
が成り立つことを示している．これで［有界な増加数列の収束性］が証明された．

### 歴史の潮騒

　私たちが現在ふつう知っている実数という概念が，いつ頃から，またどのようにして形成されてきたのかについては，数学史の本を眺めてみても，なかなか捉えられないのである．もちろん，19世紀後半になってデデキントやワイエルシュトラスやカントルによって，実数概念はひとまず確定したけれど，たとえば17世紀，18世紀，あるいはそれより前の時代の数学者たちが，実数をどのように認識していたかについては，どうもはっきりしない．

　時間や長さや面積を測定するということから，近似分数や小数展開という考えが育ってきたとしても，数直線という概念はそれとはまったく別のものである．実数の数直線表示は，数を量としての見方から完全に切り離し，空間的な描像へと変えてしまったことを意味している．この数直線表示の中では，正の数も負の数も，数として同等の位置づけを与えられることになった．17世紀になって，デカルトやフェルマが活躍した頃でも，まだ負の数を数直線上の点として表わすことに多少ためらいの跡が残っているということだから，この数直線表示は，数に対して革命的ともいえる新しい見方を

提示したことになったのだろう．数の中から，1つ，2つと数え上げていくような量的な機能性が薄れてきて，数ははるかに抽象性を帯びてきたのである．しかしこの革命は，地下にある水が徐々に湧き出てやがて広い平野を潤すように，長い時間をかけて達成されたに違いない．

　数直線という表示を通して，数はこんどは"変数"という新しい考えを克ちとった．変数という概念はデカルトによって最初に導入されたといわれている．変数 $x$ が数直線上を自由に動くというイメージと，変数 $x$ は代数的演算によって自在に取り扱うことができるという確信によって，解析学は急速な発展を遂げた．しかし個々の実数と，総合体としての実数の集合――数直線上の点全体――という2つの対極的な対象に対する意識は，逆に変数概念の中に融合されてしまって，はっきりと取り出される機会は少なかったのではなかったかと思われる．

　むしろ，やっと19世紀後半になって，ここで述べたような実数の連続性という概念が明確に取り出され，それによって，個々の実数の存在と，総合体としての実数とを結びつける場所が見出されたということに，私たちはむしろ新鮮な驚きを感じとった方がよいのかもしれない．

## 先生との対話

　小宮君が手を上げて，ノートを見ながら質問をはじめた．
「ごく基本的なことがわからなくなったのですが，先生は増加数列を $a_1 \leqq a_2 \leqq \cdots \leqq a_n \leqq \cdots$ と書かれました．しかしたとえば，
$$1,\ 1.7,\ 1.73,\ 1.732,\ 1.7320,\ 1.73205,\ 1.732050,\ \cdots$$
は $\sqrt{3}$ に近づく増加数列ですが，このとき $a_1=1$, $a_2=1.7$, $a_3=1.73$, $\cdots$ とおくと
$$a_1 < a_2 < a_3 < a_4 = a_5 < a_6 = a_7 < \cdots$$
となっていて，不等号 $<$ の出る場所と，等号 $=$ の出る場所がちゃんと決まっています．記号 $\leqq$ を使って，$a_n \leqq a_{n+1}$ と書くときには，

$a_{n+1}$ は $a_n$ より大きいか，等しいかどちらなのかわからないときだと思います．現実の増加数列では，$a_n < a_{n+1}$ か，$a_n = a_{n+1}$ かどちらかであるということが決まっているのに，どうして $a_n \leqq a_{n+1}$ のような紛らわしい書き方をするのでしょうか．」

先生は，小宮君がこうした質問を取り出したことに，小宮君のふだんのはっきりとした明るい人柄を思い出していた．

「小宮君のいう通り，1つの増加数列を取り出せば，原理的にはすべての $n$ に対して $a_n < a_{n+1}$ が成り立つか，$a_n = a_{n+1}$ が成り立つかは確かに決まっています．しかし小宮君が例として出した $\sqrt{3}$ に近づく増加数列でも，100万番目の項と，その次の項をくらべて，本当に大きくなっているかどうかを知るためには，具体的に計算してみなければわからないことです．だが現実にはそれは不可能なことです．ですから，$\sqrt{3}$ の小数展開から得られる増加数列にしても，一般的な状況を述べようとすると，$a_n < a_{n+1}$ の場合もあるかもしれないし，$a_n = a_{n+1}$ の場合もあるかもしれない．どちらの場合もまとめて一緒に考えることにするならば $a_n \leqq a_{n+1}$ と書かなくてはならなくなります．

そのような意味で，先生は増加数列を $a_1 \leqq a_2 \leqq \cdots \leqq a_n \leqq \cdots$ と書いたのです．このようなときの記号 $\leqq$ の使い方は，たとえば，不等式 $x + 1 \leqq 3$ のときのような記号 $\leqq$ の使い方と，ニュアンスが少し違うかもしれません．使いなれると便利な記号の使い方ですから，意味をよく理解しておくとよいでしょう．」

先生の話をきいて山田君が念を押すように言った．

「先生は増加数列のときだけ話されましたが，下に有界な減少数列

$$b_1 \geqq b_2 \geqq \cdots \geqq b_n \geqq \cdots > L \qquad (2)$$

に対しても，もちろん同じようなことは成り立つのでしょうね．」

「そうです．このときも

$$\lim_{n \to \infty} b_n = \beta$$

となる実数 $\beta$ が存在することは，同じような考えで証明すること

ができます．もっともこのことは次のように考えてもよいのです．数直線上の点を原点に関して対称な点に移すと，正の数は負の数に，負の数は正の数にかわり，大小関係は逆転します．山田君の書いた減少数列(2)にこのことを適用してみると，上に有界な増加数列
$$-b_1 \leqq -b_2 \leqq \cdots \leqq -b_n \leqq \cdots < -L$$
が得られます．この増加数列の極限値を $-\beta$ とすると，$\lim_{n\to\infty} b_n = \beta$ となっていることは図を見ても明らかでしょう．」

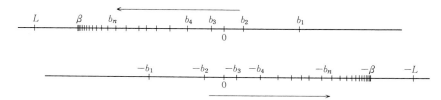

かず子さんが，［有界な増加数列の収束性］の証明を注意深く読み直しながら，大切なことに気がついたというように，目を輝かせながら話しだした．

「先生はこの証明で，最初に数直線を $A$ と $B$ に"切断"されました．そのとき先生は，もしデデキントの実数の連続性の定義を知っていれば，この切断点を与える実数 $\alpha$ が，ちょうど $\lim a_n = \alpha$ となる $\alpha$ に一致していると注意されました．そうしてみると，上の証明で $\alpha$ の存在を示したのですから，結局［実数の連続性］から，いまの場合，切断 $(A, B)$ に対して，切断点 $\alpha$ の存在を示したことになった，といってよいのでしょうね．」

「デデキントの連続性って何だったろう．」と誰かが小声でいったので，先生は黙って黒板に次のように書かれた．

［デデキントの連続性］ 実数を2つの部分 $A$ と $B$ にわけ，$A$ に属する数は，$B$ に属する数よりも小さいとする．このときこの切断を与える実数 $\alpha$ がただ1つ存在する．$\alpha$ が $A$ に属しているときは，$\alpha$ は $A$ の最大数で，このとき $B$ には最小数はない．$\alpha$ が $B$ に属しているときは，$\alpha$ は $B$ の最小数で，このとき $A$ には最大数はない．

そして黒板に下のような図を書かれた．

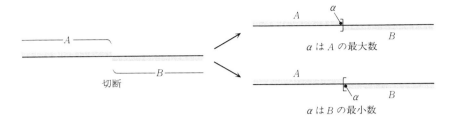

かず子さんと明子さんは二言，三言その証明を確かめ合っていたが，こんどは明子さんが手を上げてかず子さんの話を続けた．

「そう思って証明を読み直してみると，この証明は，[実数の連続性]から[デデキントの連続性]を導くときにも使えると思います．実数の切断 $(A, B)$ が1つ与えられたとき，$A$ から1点 $a_1'$，$B$ から1点 $b_1'$ をとり，それから次々にそれらの中点をとって，前と同じように番号をつけていくと

$$a_1' \leqq a_2' \leqq \cdots \leqq a_n' \leqq \cdots \leqq b_n' \leqq \cdots \leqq b_2' \leqq b_1'$$

という数列で

$$b_n' - a_n' \longrightarrow 0 \quad (n \to \infty)$$
$$a_n' \in A, \quad b_n' \in B \quad (n = 1, 2, \cdots)$$

という性質をみたすものがつくられます．ですから[実数の連続性]をつかって

$$\alpha = \lim_{n \to \infty} a_n = \lim_{n \to \infty} b_n$$

とおくと，$\alpha$ は $A$ からも，$B$ からも近づける点となっています．したがって $\alpha$ は $A$ と $B$ の中間にある点——これを切断 $(A, B)$ によって決まる実数といってよいんですよね．」

先生は

「それでよいのです．」

といわれて，連続性について，明日最初にもう少し話をしてみようと思われた．

## 問 題

[1] 正の増加数列 $a_1 \leqq a_2 \leqq \cdots \leqq a_n \leqq \cdots$ が $\alpha$ に収束するならば，増加数列

$$a_1^2 \leqq a_2^2 \leqq \cdots \leqq a_n^2 \leqq \cdots$$

は，$\alpha^2$ に収束することを示しなさい．

[2] 上に有界な正の増加数列

$$a_1 < a_2 < \cdots < a_n < \cdots$$

を考える．このとき，$a_1, a_2, \cdots, a_n, \cdots$ を無限小数展開して表わしてみると，$n$ が大きくなるにつれ，$a_n$ の小数展開に並ぶ数字は，しだいに小数点以下の先の方までずっと一致してくることを示しなさい．

[3] 2つの増加数列

$$a_1 < a_2 < \cdots < a_n < \cdots$$
$$b_1 < b_2 < \cdots < b_n < \cdots$$

は同じ実数 $\alpha$ に収束するとする：$\alpha = \lim_{n\to\infty} a_n = \lim_{n\to\infty} b_n$．このとき，どんな番号 $n$ をとっても，ある番号 $m$ があって，$a_n < b_m$ が成り立つ．またどんな番号 $n$ をとってもある番号 $m'$ があって，$b_n < a_{m'}$ が成り立つ．このことを示しなさい．

## お茶の時間

**質問**　以前，数学の本を見ていたとき，"無理数論" というタイトルだったか，"実数論" というタイトルだったかよく覚えていませんが，デデキントの切断の考えを使って，有理数から実数を構成することが書いてありました．これはどんなことなのですか．

**答**　私たちは数直線のことをすでによく知っており，数直線の各点は1つの実数を表わしていることも知っている．しかし考えてみると，私たちが1つ1つの数をきちんと表現して認識できるのは，分数 $\dfrac{n}{m}$ として表わされる数——有理数——までである．有理数は，自然数からはじまった四則演算が，いつでも自由にできるように数

の範囲を広げていった結果得られた数の体系であって，全体として算術の世界を形成している．それでは，実数は有理数からどのようにして生まれてきたと考えればよいのか，それはまた実数を算術の世界から見たとき，どのような光の中で捉えるべきかという問題でもあった．このような問題意識は，解析学の基礎に対する批判から，19世紀後半になって湧き上がったものであって，無理数論とか実数論とかよばれる形の1つの理論を作り上げていくことになった．その本質は，有理数の体系に，さらに"連続性をみたす"という性質を賦与しようとするならば，この要求をみたすためには，有理数は実数まで必然的に拡張されていくということであった．この実数論の構成にも，いくつかの道があるが，ここでは質問にもあったので，デデキントによる実数論の構成を簡単に述べておこう．

基本的な考えは，有理数は数直線上に隙間がないようにみえるほどぎっしり詰まっていて，任意の実数は有理数によって近似できるということである．デデキントの考えでは，有理数の全体を，2つの組 $\tilde{A}, \tilde{B}$ に分け，$\tilde{A}$ に属するどの有理数も，$\tilde{B}$ に属するどの有理数よりも小さくなるようにしておく．このような有理数の分け方をデデキントは有理数の切断といって $(\tilde{A}, \tilde{B})$ で表わした．そしてこのような有理数の切断全体が，新しい数の体系——実数——を与えていると考えたのである．

たとえば，有理数の中で，負の有理数と $0 \leqq x^2 < 2$ をみたす $x$ の全体を $\tilde{A}$ とし，残りを $\tilde{B}$ とすると，切断 $(\tilde{A}, \tilde{B})$ は1つの実数を決めるが，デデキントはこの実数は $\sqrt{2}$ を表わしていると考えたのである．

実数論では，このようにして有理数の切断として定義した実数の中に，有理数の中で成り立っている四則演算や大小関係を，切断の概念を通して算術的に導入していく．そしてそれらが，私たちが有理数の中で知っている演算規則や大小関係の自然な拡張と考えられるようになっているかを詳しく調べていく．そして最後に，実数は連続性をもつことを確かめ，この性質について完結した数体系となっていることを示すのである．

火曜日

# 収　束

## 先生の話

　昨日は，極限概念というものがどんなに深いものか，また私たちのふだんの日常の認識とはどんなにかけ離れたところにあるかということをまずお話ししました．半径1の円の面積πを，1つの確定した数として認めることができるためには，［実数の連続性］によって，まず無限小数として表わされる数の存在を公認しておかなくてはなりません．しかし，そうしたからといって，誰もπの小数点以下の最後までの値を正確に書き表わすことなどできないのです．その意味では，1つ1つの実数の存在は，極限概念を経由して，イデヤの世界で保証されているといってよいのです．それらの全体が，数直線という表象を通すことによって，実数に対するある確かな実在感を私たちに与えているのです．

　何しろ論証による以外には，極限の様相を知ることはできないのですから，極限概念のよって立つ所を，もう少しいろいろの面から調べておく必要があります．そのため，昨日は［実数の連続性］から［有界な増加（または減少）数列の収束性］を導いてみました．上に有界な増加数列

$$a_1 \leqq a_2 \leqq \cdots \leqq a_n \leqq \cdots < K$$

が収束するという事実は，もちろん，勝手に先へ先へと数を並べていって得られる小数列

　　0.3, 0.31, 0.318, 0.3186, 0.31865, 0.318657, 0.3186577,
　　0.31865770, 0.318657701, …

がある実数に収束することを保証しています．このような無限小数展開のときには，$\dfrac{1}{10}, \dfrac{1}{100}, \dfrac{1}{1000}$ 程度の"歩幅"で順次増加していく数列の極限値の存在が問題となったのですが，［有界な増加数列の収束性］では，そのような"歩幅"に対する制約は取り除き，その代りに，上に有界であるという条件をおいたのでした．

　昨日の"先生との対話"の中で，かず子さんと明子さんが［有界な増加数列の収束性］の証明の考え方は，［デデキントの連続性］の証

明にも使えると注意したことは，鋭い指摘だと思いました．

　私たちは，『数学が生まれる物語』第2週で述べた実数の話を前提として話をはじめてきました．そのことは，実数に対する基本的要請として，最初に［実数の連続性］——区間縮小法——をおき，そこを出発点とする立場をとってきたということです．ですから，かず子さんと明子さんの指摘は，そこからスタートして

　　　　［実数の連続性］——→［有界な増加数列の収束性］
　　　　　　　　　　——→［デデキントの連続性］

という道を進むことができるということを注意したことになったのです．

　しかし，デデキント自身が，『連続性と無理数』という著書の中でとった立場は，私たちの場合とは少し違って，最初に実数に対する基本的要請として［デデキントの連続性］，すなわち

　　　　実数の切断は，ただ1つの切断点を決める

を置くものでした．そうすると，ここから出発して上と逆の道

　　　　［デデキントの連続性］——→［有界な増加数列の収束性］
　　　　　　　　　　——→［実数の連続性］

もたどることができるということをこの機会についでに述べておいた方がよいかもしれませんね．

　ここで皆さんが，どうして証明してよいのかすぐにはわからないのは，たぶん

　　　　［デデキントの連続性］——→［有界な増加数列の収束性］

だと思います．ここではその導き方をお話ししておきましょう．それは次のようにします．

　上に有界な増加数列

$$a_1 \leqq a_2 \leqq \cdots \leqq a_n \leqq \cdots < K$$

が与えられたとき，数直線を左右2つに分けて

　　　$A = \{x \mid$ ある $n$ をとると $x \leqq a_n$ が成り立つ$\}$
　　　$B = \{x \mid$ すべての $n$ に対して $a_n < x$ が成り立つ$\}$

とします．

♣ 記号 $\{x|\cdots\}$ は，性質 $\cdots$ をみたすような $x$ 全体の集りを考えるということを示している（26 頁参照）．

私たちは[デデキントの連続性]を認めることにしていますから，このようにして得られた切断 $(A,B)$ に，切断点 $\alpha$ が存在することになります．$\alpha$ は $A$ のどの点よりも右にあるのですから

$$\text{どんな } n \text{ をとっても} \quad a_n \leqq \alpha \qquad (1)$$

（等号をとる場合は，ある番号 $n$ から先が $a_n = a_{n+1} = \cdots$ となるとき．） 一方，$B$ のどの点も $\alpha$ より右にあるのですから，$\alpha$ より少しでも左手にある点は $A$ に入っていなくてはなりません．すなわち，どんな小さい正の数 $\varepsilon$ をとっても

$$\alpha - \varepsilon \in A$$

このことは，ある番号 $N$ があって

$$\alpha - \varepsilon \leqq a_N$$

であることを示しています．

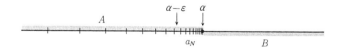

$a_N \leqq a_{N+1} \leqq \cdots$ でしたから，

$$n \geqq N \quad \text{ならば} \quad \alpha - \varepsilon \leqq a_n \qquad (2)$$

と書いても同じことです．(1)と(2)をあわせると

$$n \geqq N \quad \text{ならば} \quad 0 < \alpha - a_n < \varepsilon$$

$\varepsilon$ はどんなに 0 に近い正数をとってもよいのですから，このことは，番号が大きくなれば，$a_n$ はいくらでも $\alpha$ に左から近づくこと，すなわち $\lim_{n\to\infty} a_n = \alpha$ を示しています．これで有界な増加数列 $a_1 \leqq a_2 \leqq \cdots$ が $\alpha$ に収束することが証明されました．

$A$ は，いわば $a_n (n=1, 2, \cdots)$ の左側にある点全部を集めたものです．あるいは，数直線を左から右へ進むにつれしだいに高くなる

道路にたとえ，各 $a_n$ ($n=1,2,\cdots$) から水が流れ出している様子を思いうかべてみましょう．このとき，水でぬれてしまう部分が $A$ であると説明すればわかりやすいかもしれません．

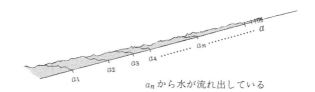

$a_n$ から水が流れ出している

そう考えれば，何も増加数列 $a_1 \leqq a_2 \leqq \cdots \leqq a_n \leqq \cdots$ でなくとも，$a_1, a_2, \cdots, a_n, \cdots$ の代りに，図のように区間列 $I_1, I_2, \cdots, I_n, \cdots$ のようなものをとっても，"上に有界"でありさえすれば，これらの区間列に右端の点があることが示せるでしょう．つまり，この区間のそれぞれから水が流れ出していて，左側の水でぬれてしまう部分を $A$ とし，残りを $B$ とすると，切断 $(A, B)$ が得られます．この切断点 $\alpha$ は，このような区間列の右端の点となるでしょう．

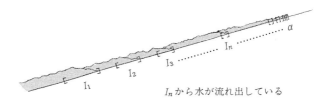

$I_n$ から水が流れ出している

このとき $\alpha$ は区間列 $I_1, I_2, \cdots, I_n, \cdots$ がつくる集合の上限であるというのです．このことをもう少し一般的な設定で述べてみることにします．

## 有界な集合の上限(**sup**)と下限(**inf**)

ここでの話は，実数は数直線上の点と同一視して考えることにした方がわかりやすい．数直線上の点の集りを，数学ではふつう数直線上の点の集合という．私たちがいまここで考えている対象は，数直線とその上の点なのだから，点の集りを単に集合ということにしよう．

集合にはいろいろなものがある．自然数全体
$$\{1,2,3,\cdots,n,\cdots\}$$
は，数直線上に等間隔に，右の方にどこまでも続いていく集合である．勝手にとった1つの数列
$$\{a_1,a_2,a_3,\cdots,a_n,\cdots\}$$
は，一般には数直線上に不規則に並ぶ集合となっている．また，1よりも大きく，2よりも小さい $x$ の全体
$$\{x\mid 1<x<2\}$$
も集合である．ここで記号 $\{x\mid 1<x<2\}$ は，タテ線の左側は "$x$ という集合は" と読んで，タテ線の右側は "$1<x<2$ をみたすものの全体からなる" と読むとよい．要するに $\{\ \}$ の中のタテ線の右側に書かれている内容が，集合を特性づけているという記号である．

この記号を使うと，$a<b$ をみたす2つの実数 $a,b$ に対して，閉区間，開区間，半開区間が次のように表わされる．

閉区間： $[a,b]=\{x\mid a\leqq x\leqq b\}$

開区間： $(a,b)=\{x\mid a<x<b\}$

半開区間： $(a,b]=\{x\mid a<x\leqq b\}$

$\qquad\qquad\ [a,b)=\{x\mid a\leqq x<b\}$

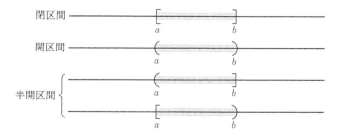

また，集合の和の記号 $\cup$ を使うと，たとえば図(A)のような2つの閉区間 $[0,1]$, $[2,3]$ をあわせた集合は $[0,1]\cup[2,3]$ と表わされる．図(B)のような，開区間列全体をあわせた集合は
$$\bigcup_{n=1}^{\infty}\left(\frac{1}{2n+1},\frac{1}{2n}\right)$$
と表わされることになる．

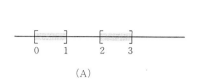
(A)

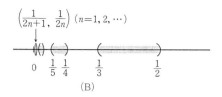
(B)

もちろん集合の中には，数列や区間列のようなものとは違って
$$\{x \mid 0 < x < 1, \ x \text{ は無理数}\}$$
$$\{x \mid x \neq \frac{n}{m}\pi \ (m=1,2,3,\cdots ; \ n=0,\pm 1, \pm 2, \cdots)\}$$
のように，数直線上の点の集りとして直観的にどのようなイメージをもってよいかわからないものもある．

さて，ここで定義を述べよう．

> **定義** 集合 $M$ に対し，ある数 $K$ が存在して，$M$ に属する点 $x$ に対し，つねに $x < K$ が成り立つとき，$M$ は**上に有界な集合**であるという．またある数 $L$ が存在して，$M$ に属する点 $x$ に対し，つねに $L < x$ が成り立つとき，$M$ は**下に有界な集合**であるという．

点 $x$ が $M$ に属するということを記号 $x \in M$ を用いて表わすことにすれば，この定義は簡単に

$M$ は上に有界：$x \in M$ ならば $x < K$ （$K$ はある定数）

$M$ は下に有界：$x \in M$ ならば $L < x$ （$L$ はある定数）

と表わされる．

先生の話にもあったように，上に有界な増加数列は収束するという昨日の結果は，集合の立場でみれば，"上に有界な増加数列のつくる集合"は，"右端の点"をもつということになるだろう．

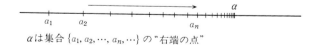

$\alpha$ は集合 $\{a_1, a_2, \cdots, a_n, \cdots\}$ の"右端の点"

このことは，もっと一般に"上に有界な集合"に対しても成り立つ．ただし，このような一般的な状況にすると，"右端の点"という言

い方の代りに，"集合 $M$ の上限"といういい方を採用することになる．それが次の定理の内容である．

> **定理** $M$ を上に有界な集合とする．このとき次の性質をみたす実数 $\alpha$ が存在する．
> （i） $x \in M$ ならば $x \leqq \alpha$
> （ii） どんな小さい正数 $\varepsilon$ をとっても
> $$\alpha - \varepsilon < \tilde{x}$$
> をみたす $\tilde{x} \in M$ が存在する．

$\alpha$ を $M$ の<u>上限</u>という．

［証明］集合 $A$ を
$$A = \{y \mid M \text{ に属するある } x \text{ をとると } y \leqq x\}$$
によって定義し，$A$ に属さない点全体のつくる集合を $B$ とする．$A$ は，先生のような言い方をすれば，$M$ に属する点のそれぞれから水が流れ出したとき，左側にあふれ出して水でぬれてしまう全体である．$B$ は
$$B = \{z \mid \text{どんな } x \in M \text{ をとっても } x < z\}$$
と表わしても同じことである．

集合 $A, B$ は，数直線の切断 $(A, B)$ を与えている．［デデキントの連続性］によって，$(A, B)$ の切断点を与えるただ1つの実数 $\alpha$ が存在する．この $\alpha$ が，求める $M$ の上限となっている．このことを少していねいにみてみよう．$\alpha$ に対して2つの場合がある．

（a） $\alpha$ は $A$ の最大数で，$B$ には最小数はない．

このとき，$\alpha$ は $A$ の最大数ということから，（i）が成り立つことがわかる．実際，もし（i）が成り立たないとすると，$\alpha < x'$ となる $x' \in M$ が存在することになるが，$x' \in A$ に注意すると，これは $\alpha$ が $A$ の最大数であるということに矛盾してしまう．したがって（i）が成り立つ．また $\alpha \in A$ で，$\alpha$ は $A$ の最大数だから，明らかな不等式 $\alpha - \varepsilon < \alpha$ から（ii）が成り立つこともわかる．

（b） $A$ に最大数はなく，$\alpha$ は $B$ の最小数のとき．

このときは，$\alpha \in B$ により，どんな $x \in M$ に対しても $x < \alpha$ が成り

立ち，したがって(i)が成り立つ．一方，$\alpha$ は $B$ の最小数なのだから，どんな小さい正数 $\varepsilon$ をとっても，$\alpha-\dfrac{\varepsilon}{2}\in A$ となる．したがって，$\alpha-\dfrac{\varepsilon}{2}\leqq x'$ となる $x'\in M$ が存在する．したがってまた

$$\alpha-\varepsilon < \alpha-\dfrac{\varepsilon}{2}\leqq x', \quad x'\in M$$

により，(ii)が成り立つことがわかる． （証明終り）

なお，証明の中で，(a), (b) 2つの場合を分けたが，たとえば，$M=(1,2]$ のときは(a)の場合で，このとき上限 $\alpha$ は2となる．また $M=\left\{\dfrac{1}{2},\dfrac{2}{3},\dfrac{3}{4},\cdots,\dfrac{n-1}{n},\cdots\right\}$ のときには $M$ の上限は1でこのときは(b)の場合となっている．

下に有界な集合 $N$ に対しても，同様の定理が成り立つ．

> **定理** $N$ を下に有界な集合とする．このとき次の性質をみたす実数 $\beta$ が存在する．
> （i） $x\in N$ ならば $\beta\leqq x$
> （ii） どんな小さい正数 $\varepsilon$ をとっても
> $$\tilde{x} < \beta+\varepsilon$$
> をみたす $\tilde{x}\in N$ が存在する．

$\beta$ を $N$ の **下限** という．

上限，下限の記号について少し述べておこう．上に有界な集合 $M$ に対し，その上限を

$$\sup M$$

と表わすのが慣例である．sup は，上限を表わす英語 supremum の頭文字をとったもので，ふつう "スップ $M$" のように読んでいる．上に有界でない集合に対しては

$$\sup M = +\infty$$

とおくこともある．

下に有界な集合 $N$ に対しては，その下限を

$$\inf N$$

と表わす．inf は，英語 infimum からきており，読み方は "インフ

$N$" がふつうのようである．下に有界でない集合に対しては
$$\inf N = -\infty$$
とおく．

## 数列の収束性

　この節では数列がある数に収束するということをどのようにいい表わしたらよいかを問題としたいのだが，その前に，数列そのものの表わし方について少し述べておこう．

　数列 $a_1, a_2, \cdots, a_n, \cdots$ を表わすのに，数列を1つの集合とみて $\{a_1, a_2, \cdots, a_n, \cdots\}$ と表わした方がはっきりすることが多い．もっとも数列の一般的表記としては，もっと簡単に数列 $\{a_n\}$ と書いても十分だろう．このとき $n$ は $1, 2, 3, \cdots$ をとると考えるのである．

　さて，数列 $\{a_n\}$ が与えられたとき，直観的には，$n \to \infty$ のとき $a_n$ が $\alpha$ に近づく ―― 収束する ―― という状況はほとんど明らかなことに思える．しかし，このことを数学的にどのように表わしたらよいかという問題になるとそんな易しいことではないことに気づくだろう．それは一体，どのように捉えたらよいのだろうか．

　そのためまず，$\sqrt{2}$ に近づく小数の列
$$b_1 = 1.4, \ b_2 = 1.41, \ b_3 = 1.414, \ b_4 = 1.4142, \ b_5 = 1.41421, \ \cdots$$
を取り上げてみよう．この数列がある決まった値に近づくと感ずるのは，小数点以下の値が次々と一致しながら先へ先へとしだいに精密な値を産み出しているからである．数直線上でいえば，$b_1$ は $\sqrt{2}$ から $\frac{1}{10}$ 以内の範囲にあり，$b_2$ は $\sqrt{2}$ から $\frac{1}{100}$ 以内の範囲にあり，一般にいえば $b_N$ は $\sqrt{2}$ から $\frac{1}{10^N}$ 以内の範囲にある．

　しかし近づくという感じは，このように1つ1つの項に注目して，それがどの範囲にあるかということで生ずるものではない．$\sqrt{2}$ に近い範囲をどんなに小さく設定しておいても，ある番号から先の $b_n$ は全部その範囲に入ってしまうという状況に注目して，はじめて得られるものだろう．いまの場合，

　　どんなに大きな $N$ をとっても

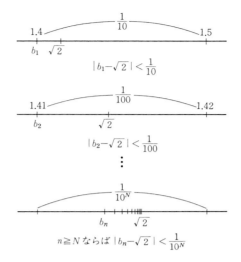

$$n \geqq N \quad \text{ならば} \quad |b_n - \sqrt{2}| < \frac{1}{10^N} \tag{3}$$

が成り立つ

という表現がこの感じを表わすのに適している．$n \geqq N$ である $b_n$ は，"すべて $\sqrt{2}$ から $\frac{1}{10^N}$ 以内の範囲に接近している" のである！ （(3)では $\sqrt{2} - b_n < \frac{1}{10^N}$ と書いてもよいが，あとの説明とのつながりのため，$\sqrt{2}$ の左右 $\frac{1}{10^N}$ 以内の範囲に入ることをあえて強調して，絶対値をつけておいた.）

こんどは $\sqrt{2}$ へ近づく小数の列の番号のつけ方を，足踏みさせたり，飛び越したりして，たとえば

$$\overset{\text{足踏み}}{\longleftrightarrow} \qquad \overset{\text{飛び越し}}{\longleftrightarrow} \quad \overset{\text{足踏み}}{\longleftrightarrow}$$
$$c_1 = 1.4, \quad c_2 = 1.4, \quad c_3 = 1.41, \quad c_4 = 1.4142, \quad c_5 =$$

$$\overset{\text{足踏み}}{\longleftrightarrow} \qquad \overset{\text{飛び越し}}{\longleftrightarrow}$$
$$1.4142, \quad c_6 = 1.4142, \quad c_7 = 1.4142135, \quad \cdots$$

のようにつけてみよう．この数列でも，どこかでずっと足踏みを続けるような状況が起きなければ，$\sqrt{2}$ へと近づいていく．しかしこのときには，近づく状況を(3)のように表わすわけにはいかない．$\sqrt{2}$ から $\frac{1}{10^N}$ 以内の範囲に入ってくるのは，どの番号からはじまるのかがキャッチできないからである．ここでいえるのは，十分大き

な番号 $\tilde{N}$ をとると，それより先の $c_n$ $(n \geqq \tilde{N})$ はこの範囲に入っていることは確かだということである．すなわち，(3)の代りにこんどは次のようになる．

$\sqrt{2}$ から $\frac{1}{10^N}$ 以内の範囲をとったとき，十分大きな $\tilde{N}$ をとると

$$n \geqq \tilde{N} \quad \text{ならば} \quad |c_n - \sqrt{2}| < \frac{1}{10^N}$$

が成り立つ．

しかし，近づくということをこのように書き表わしてみると，$\sqrt{2}$ のまわりの $\frac{1}{10^N}$ の範囲のとり方も，少しわずらわしくみえてくる．$\sqrt{2}$ のまわりのどんな小さい範囲をとっても，ある番号から先の $c_n$ はすべてこの範囲に入るという方が自然である．それは次のような言い方を採用することを意味する．

どんな小さい正の数 $\varepsilon$ をとっても，ある番号 $\tilde{N}$ をとると

$$n \geqq \tilde{N} \quad \text{ならば} \quad |c_n - \sqrt{2}| < \varepsilon \qquad (4)$$

が成り立つ．

私たちはこの(4)を，一般の数列 $\{a_n\}$ に対して，$n \to \infty$ のとき $a_n$ が $\alpha$ に収束するという数学的表現のパターンとすることにして次の定義をおく．(ただし(4)の $\tilde{N}$ を $N$ にもどしておく)

> **定義** 数列 $\{a_n\}$ に対して，ある数 $\alpha$ が存在して，次の条件が成り立つとき，$a_n$ は $n \to \infty$ のとき $\alpha$ に **収束する** という．
> どんな小さい正数 $\varepsilon$ をとっても，ある番号 $N$ が存在して
> $$n \geqq N \quad \text{ならば} \quad |a_n - \alpha| < \varepsilon$$

そしてこのことを，$\lim_{n \to \infty} a_n = \alpha$ と表わす．収束するという言葉も，lim の記号も，月曜日から何度も使ってきたが，これからはこの定義に基づいて使っていくことにしよう．(もちろん，今までの使い方は，この定義にしたがったものとなっている．)

## 数列が収束する条件

この定義によって収束するという言葉は，はじめて数学の概念と

して確定することになったが，それでは，数列 $\{a_n\}$ がある数 $\alpha$ に収束するのは，どんなときなのだろうか．これについては，有名なコーシーの定理がある．

> **定理** 数列 $\{a_n\}$ が，ある数 $\alpha$ に収束する必要十分条件は，どんな小さい正数 $\varepsilon$ をとっても，ある番号 $N$ を適当にとると，次の条件(C)が成り立つことである．
> (C)　　$m, n \geqq N$　ならば　$|a_m - a_n| < \varepsilon$

［証明］必要性：必要性の方の証明が簡単だから，こちらから先に証明しよう．いま数列 $\{a_n\}$ が $\alpha$ に収束するとする．このとき，十分小さい正の数 $\varepsilon$ を勝手に1つとり，$\alpha$ のまわり $\dfrac{\varepsilon}{2}$ 以内の範囲に注目すると，ある番号 $N$ を適当にとることによって（収束の定義から）

$$n \geqq N \quad \text{ならば} \quad |a_n - \alpha| < \frac{\varepsilon}{2}$$

となる．したがって $m, n \geqq N$ のとき

$$|a_m - a_n| = |(a_m - \alpha) - (a_n - \alpha)|$$
$$\leqq |a_m - \alpha| + |a_n - \alpha| < \frac{\varepsilon}{2} + \frac{\varepsilon}{2} = \varepsilon$$

これで条件(C)が成り立つことがわかり，必要性が証明された．

十分性：条件(C)が成り立つとする．条件(C)の中で，範囲の設定としてとった $\varepsilon$ は，"どんな小さな正数"の代りに，"どんな正数をとっても"としても同じことになることをまず注意しておこう．なぜなら，たとえば番号 $N$ 以上で $|a_m - a_n| < \dfrac{1}{1000}$ が成り立つならば，$\dfrac{1}{1000}$ より大きな数，たとえば5をとっても当然 $|a_m - a_n| < 5$ が成り立っているからである．

そこでいまとくに $\varepsilon$ として1をとると，ある番号 $\tilde{N}$ があって
$$m, n \geqq \tilde{N} \quad \text{ならば} \quad |a_m - a_n| < 1$$
そうすると $n \geqq \tilde{N}$ のとき，$a_n$ は $a_{\tilde{N}}$ からみて，すべて1以内の範囲に存在することになる．

したがって，$K_1, L_1$ として

$a_{\bar{N}}$ から先の $a_n$ はすべて $a_{\bar{N}}$ から 1 以内に存在する.

$$K_1 = \text{Max}\{a_1, a_2, \cdots, a_{\bar{N}-1}, a_{\bar{N}}+1\} \quad (\text{Max は } \{\ \} \text{ の中の最大値})$$
$$L_1 = \text{Min}\{a_1, a_2, \cdots, a_{\bar{N}-1}, a_{\bar{N}}-1\} \quad (\text{Min は } \{\ \} \text{ の中の最小値})$$

をとると

$$L_1 \leqq a_n \leqq K_1 \quad (n=1, 2, \cdots)$$

が成り立っている. すなわち, $\{a_n\}$ は上にも下にも有界な数列である.

いま, $n=1, 2, \cdots$ に対し, $n$ 番目から先の数列

$$a_n, a_{n+1}, \cdots, a_{n+k}, \cdots$$

に注目することにする. この数列ももちろん有界な数列であり, したがって

$$K_n = \sup\{a_n, a_{n+1}, \cdots, a_{n+k}, \cdots\}$$
$$L_n = \inf\{a_n, a_{n+1}, \cdots, a_{n+k}, \cdots\}$$

が存在する. この $K_n$ と $L_n$ によって

$$L_n \leqq a_{n+k} \leqq K_n \quad (k=0, 1, 2, \cdots)$$

となり, したがって $a_n, a_{n+1}, \cdots$ は, $L_n$ と $K_n$ によって, サンドウィッチの中味のように左右からはさまれている.

さらに

$$L_1 \leqq L_2 \leqq \cdots \leqq L_n \leqq \cdots \leqq K_n \leqq \cdots \leqq K_2 \leqq K_1 \quad (5)$$

が成り立つ. このことは, $K_n, L_n$ がサンドウィッチの中味 $\{a_n, a_{n+1}, \cdots\}$ を左右から押える数であり, その中味が, $n$ が大きくなるにつれ, しだいに減っていくことからわかる.

条件 (C) はこの中味の減少の度合がどのようになるかを示している. 中味の幅を正数 $\varepsilon$ 以内に押えるためには, 番号を $N$ 以上にとるとよい. 上限, 下限の定義を考えると, このことは

$$K_N - L_N \leqq \varepsilon \quad (6)$$

を示している.

したがって [実数の連続性] により, (5) の真ん中にはさまれたた

だ 1 つの実数 $\alpha$ が存在する：

$$\lim_{n\to\infty} L_n = \lim_{n\to\infty} K_n = \alpha$$

(6)は，$n \geqq N$ ならば

$$|\alpha - a_n| \leqq \varepsilon$$

となることを示している．$\varepsilon$ はどんな正数でもよかったのだから，収束の定義を参照すると $\lim_{n\to\infty} a_n = \alpha$ となっていることがわかる．これで，条件(C)が成り立てば，数列 $\{a_n\}$ は，ある数 $\alpha$ に収束することが証明された． （証明終り）

### 歴史の潮騒

　この定理は，1820年代，フランスの大数学者コーシーによって得られたものである．当初はまだ実数の連続性の考えは十分成熟してはいなかったが，微積分を用いる解析学はほぼ完成の域に達し，それと同時に，改めて，それまで収束するのか発散するのかよくわからない級数をあまり気にせず微積の舞台にのせていたことに対する批判も生じてきたのである．実際，明日述べるように，数列に対する収束性の判定は，級数に対する収束性の判定も同時に与えることになり，そこに有効性を発揮したのである．

　数列がある数に近づくというとき，私たちは数直線上を点列がある点に近づくというイメージをもつ．このような空間的な描像から離れて，コーシーが収束条件を，数列の間の関係として不等号を用いて書き表わしたところに，この定理の驚くべき斬新さがあったのである．この事情を物語るものとして次の逸話が伝えられている．コーシーがフランスの科学アカデミーで級数の収束性に関する最初の論文を読み上げたとき，その場にいてそれを聞いたラプラスは，自分の『天体力学』の著作の中に，誤って発散級数を収束するものとして使った場所がなかったかどうかを確かめるために，急いで帰宅し，何日間か自宅の門を閉ざし，その確認に没頭したといわれている．

もっともこの時代には実数概念はまだ十分確立していなかったのである．このあと 40 年くらいたって，1869 年に，メレーは"収束条件をみたす先には 1 つの数がある，その数は有理数の極限として表わされる"というコーシー以来数学者の間に認められるようになった極限の考えには，循環論法の危険がひそんでいると指摘した．この指摘は，実数そのものに数学者が眼を向けはじめたことを意味している．

実際，その前後から数学者の間では，極限概念を確立する前にまず実数概念——連続性とは何か——を明確にする必要があると考えられるようになった．そしてこの問題に，デデキント，ワイエルシュトラスなど当時一流の数学者たちが取り組むことになったのである．そして結局彼らが明らかにしたことは，実数概念を確立するためには，逆に極限とは何か，極限概念を支えている数学的根拠はどこにあるのかを問う必要があるということであった．時間・空間の直観を離れて，数の世界の中にこの問題を下ろすならば，イデヤの世界においてどのように極限概念を定式化すべきかという問題になってきたのである．ここに 1 つの数学的視点——公理——を設定することが要求され，それはいろいろな表現形式があったとしても，［実数の連続性］として実数概念の本質にあるものを照らすことになったのである．［実数の連続性］から出発するとき，実数がどのように構成されていくかについては『数学が生まれる物語』第 2 週で詳しく述べておいた．

### 先生との対話

先生は，今日の話は少し内容が多かったかもしれないと思われた．そこでまとめとしてまず次のような話をされた．

「今日はいろいろな話をしました．上限の存在や，コーシーの収束条件などはこれからもよく使います．これらは実数のもつ連続性の，さまざまな角度から見たときの表現だと思ってよいのです．今日の最初にお話ししたように，実数の連続性として何を出発点とし

てとるかということも，必ずしも一通りに決まるとはいえないのです．私たちが［実数の連続性］といった区間縮小法を最初に連続の公理として設定してもよいし，あるいは別の道をとろうとするならば，［デデキントの連続性］から出発してもよいのです．どの道をとっても，結局表わしている内容は実数の連続性なのです．それだけ連続性は，数学の本質に触れる深い内容をもったものだといえるでしょう．」

山田君が少し考えてから質問した．

「区間縮小法も，有界な増加数列が収束するということも，上限の存在も，それぞれが実数の連続性の1つの表現だということは，ぼくにも理解できるようになりました．そしてこれらの表現は，近づいていくという感覚を手がかりとしながら，連続性を捉えようとしたものであることもよくわかります．しかしそれに比べて，デデキントによる連続性の表現では，近づくということには直接触れないで，切断という考えで連続性をいい表わしていることが，何か独特な感じがしました．これはどう考えたらよいのでしょう．」

先生はじっと考えておられて，それからゆっくりとした口調で話し出された．

「近づくという私たちの経験の中で培われてきた直覚を，はっきりとした形で取り出せば，当然実数の連続性につながってくると皆さんは考えるかもしれませんが，しかし取り出し方によってはツェノンの逆理のようなものも見えてくる可能性もあります．近づくという動的な意識から離れたところで，実数のもつ連続性の本質を捉えることができないかということが，デデキントの考えの中にあったのかもしれません．デデキントの中には，つねに数学の算術化という考えが働いていました．切断という考えは，上の組，下の組という一段高い集合概念によって，1つの数が存在を示してくるということであり，それが連続性の本質であると言いきるところに，デデキントの独創性があったわけです．デデキントの連続性の表現ならば，近づくという意識のない宇宙人に対しても，数のことさえ知っていれば連続性とは何かをそのまま説明できるでしょう．

切断という考えが浮かび上がったときのデデキントの感動がどんなものであったかを思ってみることもあります．そのときデデキントには連続性は，数の世界の中だけで完全に捉えられるという喜びがあったのでしょう．」

　皆は先生の言葉を，それぞれ思い思いに考えていたが，道子さんがひとこと感想を述べた．

　「それでも結局は，切断による連続性も，区間縮小法のとき近づく先があるという連続性も，同じ内容を述べているのですから，連続性の本質ってやはりよくわからない謎めいたものがあるわ．」

　小林君が，道子さんの感想を補うように口をはさんだ．

　「実数の連続性というのは，考えれば考えるほど不思議で，神秘的ですね．たとえば $\sqrt{2} = 1.4142135\cdots$ より少し大きい，数直線上でいえば $\sqrt{2}$ より少し右の方にある実数を考えようとすると，小数点以下 4 桁のところを 1 だけ増やして，$1.4143135\cdots$ とすると，確かに $\sqrt{2}$ より右にあります．もっと $\sqrt{2}$ に近い数を求めようとすると，$\sqrt{2}$ の無限小数展開のはるか先の方の数を 1 だけ増すことになります．こうやって，無限小数展開の果ての方を追いかけて，そこに現われる数を 1 だけ増すということをして，やがて霞の中に消えて行くような感じの中で，$\sqrt{2}$ に右から近づく小数列が得られ，そこに連続性が捉えられてきます．こう考えると，道子さんと同じように連続性の正体は何かと思ってしまいます．」

　かず子さんが

　「それでも，上限や下限の存在や，コーシーの定理にそんな違和感は感じないわ．」

といった．先生は簡単に，次のようなコメントを述べられた．

　「実数概念のよって立つ所は，数学の形式で述べられるものより，はるかに深い所にあるのかもしれません．その深淵から，これからお話ししようとする解析学が湧き上がってくるのです．」

## 問　題

[1] 次の集合の上限と下限を求めなさい．

(1) $\left\{0, -\dfrac{1}{2}, \dfrac{1}{2}, -\dfrac{2}{3}, \dfrac{2}{3}, \cdots, -\dfrac{n-1}{n}, \dfrac{n-1}{n}, \cdots\right\}$

(2) $\left\{\dfrac{2}{m}+(-1)^n\dfrac{1}{mn}\right\}$　　$(m, n = 1, 2, 3, \cdots)$

(3) $2 \leqq x < 3$ をみたす無理数 $x$ 全体のつくる集合

[2] 数列 $a_1, a_2, \cdots, a_n, \cdots$ が収束するときには，数列 $a_1{}^2, a_2{}^2, \cdots, a_n{}^2, \cdots$ も収束することを示しなさい．

[3] 数列 $a_1, a_2, \cdots, a_n, \cdots$ に対し，数列 $a_1{}^2, a_2{}^2, \cdots, a_n{}^2, \cdots$ は収束するという．このとき，$a_1, a_2, \cdots, a_n, \cdots$ は収束するといえるでしょうか．

[4] 数列 $a_1, a_2, \cdots, a_n, \cdots$ が $\alpha$ に収束すれば，この数列から適当に順に取り出して得られる部分数列 $a_{n_1}, a_{n_2}, \cdots$ も $\alpha$ に収束することを示しなさい．

### お茶の時間

**質問**　以前，微分・積分の教科書を見ていましたら，"数列 $\{a_n\}$ に対し，上極限 $\overline{\lim} a_n$，下極限 $\underline{\lim} a_n$ を考えると…" と書いてありました．ここにでてきた上極限，下極限とは何のことですか．

**答**　ここは日常的なたとえを使いながら気楽に説明してみよう．停留所で1台のバスがくるのを待っている人の群れにたとえてみると，バスが到着したとき，人の群れ $a_1, a_2, \cdots, a_n, \cdots$ がバスの入口に密集していく状況は，コーシーの定理が成り立つ状況 "$m, n \geqq N$ ならば $|a_m - a_n| < \varepsilon$" を示している．$N$ 番目以上の人は，入口のまわり $\varepsilon$ 以内のところに密集しているのである．驚くべき混雑！

こんどはバスの代りに，ラッシュ時の新宿駅のホームに，12輛編成の電車が入ってくるさまを考えよう．このときホームにいる人

$a_1, a_2, \cdots, a_n, \cdots$ は，それぞれ自分に一番近い電車の扉に向けて殺到する．こんなときにはもちろんコーシーの条件は成り立たない．つまりこのときには，数列 $a_1, a_2, \cdots, a_n, \cdots$ は，適当な部分点列をとると，いろいろなところに収束するという状況になっている．このようなとき，収束する値の中で一番大きい値を $\overline{\lim} a_n$ と書き，一番小さい値を $\underline{\lim} a_n$ と書くのである．そしてそれぞれを，数列 $\{a_n\}$ の上極限，下極限という．電車のたとえでいえば，ホーム(数直線)の右の方に運転席があったとき，進行方向の一番前の扉の位置が $\overline{\lim} a_n$ を表わし，最後尾車輛の後の扉の位置が $\underline{\lim} a_n$ を表わしている．

この説明で大体理解してもらえたと思うが，$\overline{\lim} a_n$ を数学的に定式化した形で述べると次のようになる．

$$c_n = \sup\{a_n, a_{n+1}, a_{n+2}, \cdots\}$$

とおくと，$c_1 \geqq c_2 \geqq c_3 \geqq \cdots$ となる．このとき $\overline{\lim} a_n = \lim_{n \to \infty} c_n$ と定義するのである．$c_n$ をとったことは，$n$ 番目以上の人だけを見て，その先頭(上限の意味で)の位置に注目していることを意味している．この先頭が $n \to \infty$ のとき近づく先が $\overline{\lim} a_n$ であるというのである．

水曜日

## 級　数

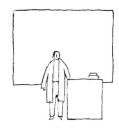

## 先生の話

　昨日は，数列 $\{a_n\}$ が収束するための必要十分条件を与えるコーシーの条件（C）を導いてみました．ここで数列 $a_1, a_2, \cdots, a_n, \cdots$ は，数直線上に番号の順番にしたがって順序よく左から右へと並んでいる必要はないので，いわば番号にお構いなしに，雑然とまったく無秩序におかれていてよいのです．コーシーの定理は，このようなときにも，もしある番号から先に注目するとそこにしだいに密集していく状況が現われるならば，この数列 $\{a_n\}$ はある数 $\alpha$ に収束すると断定することができるといっているのです．

　しかし，皆さんは，数直線上に雑然と並んでしだいに密集していく数列といったとき，どんなものを考えるでしょうか．もちろん，バスの入口に殺到する人の群れをイメージすることはできますが，それ以上のものはなかなか捉えられないでしょう．具体的に数列を取るときには，$a_1$ の値，$a_2$ の値，$\cdots$，一般には $a_n$ の値をきちんと指定してやらなくてはなりません．そのことは，ある点に収束する数列を考えるとしても，右へいったり，左へいったりとかなりアト・ランダムな揺れを示しながら密集していく数列を実際構成してみることは並大抵のことではないと想像させます．

　同様のことは，有界な増加数列は収束するという定理にもいえます．たとえば先生が皆さんに，有界な増加数列の例を書いてごらんなさい，といっても，

$$1, \frac{3}{2}, \frac{5}{3}, \frac{7}{4}, \cdots, \frac{2n-1}{n}, \cdots \quad (\longrightarrow 2)$$

や

$$\frac{1}{2}, \frac{3}{4}, \frac{7}{8}, \cdots, 1-\frac{1}{2^n}, \cdots \quad (\longrightarrow 1)$$

のように，かなり規則的に増加していく例しか書けないでしょう．

　このようなことを考えると，月曜から火曜にかけてお話ししてきた数列の極限についての結果が，本当に十分に活躍できる場所があ

るのだろうかと思われてきます．一般論があっても，適用できる具体例が少なければ，多少大げさな言い方をすれば，数学の世界でその一般論の影は薄れてくるでしょう．しかし実際はそうではありませんでした．私たちは，たとえ規則的に並ぶ数列から出発しても，その収束する状況がよく察知できない新しい数列をつくることができます．そしてそこには，一般論を援用しない限り，どうにも解明できないような未知の世界が広がってくるのです．

それは次のような考えです．

$$a_1, a_2, a_3, \cdots, a_n, \cdots$$

を1つの数列としましょう．そのとき，私たちは実数の中で足し算は自由に行なうことができますから

$$s_1 = a_1$$
$$s_2 = a_1 + a_2$$
$$s_3 = a_1 + a_2 + a_3$$
$$\cdots\cdots$$
$$s_n = a_1 + a_2 + a_3 + \cdots + a_n$$
$$\cdots\cdots$$

によって，新しい数列

$$s_1, s_2, \cdots, s_n, \cdots$$

をつくることができます．このとき，たとえ $a_1, a_2, \cdots, a_n, \cdots$ がある規則にしたがって並べられた簡単な数列であっても，$s_1, s_2, \cdots, s_n, \cdots$ が収束する様相は，一般には私たちには見通しのきかない神秘的な状況を呈してきます．実際，収束するのか，収束しないのか判定しがたいような状況も起きてきます．このようなとき，私たちが今まで用意してきた定理が有効に働き出します．火曜日の"歴史の潮騒"の中で述べた，コーシーの定理を知ったあとのラプラスの驚きとその後の確認は，まさにそのような事情を物語っています．

たとえば

$$a_1 = 1, \ a_2 = -\frac{1}{3}, \ a_3 = \frac{1}{5}, \ a_4 = -\frac{1}{7}, \cdots,$$

$$a_n = (-1)^{n+1}\frac{1}{2n-1}, \cdots$$

は，0 に近づく数列ですが，これから上のようにして作った数列

$$s_1 = 1, \ s_2 = 1-\frac{1}{3}, \ s_3 = 1-\frac{1}{3}+\frac{1}{5}, \ \cdots,$$

$$s_n = 1-\frac{1}{3}+\frac{1}{5}-\cdots+(-1)^{n+1}\frac{1}{2n-1}, \ \cdots$$

は，複雑な近づき方をしながら $\frac{\pi}{4}$ に近づいていきます．

♣ この近づき方がどれほど複雑かは，最近アメリカの数学の雑誌に載ったこの数列の最初から 50 万項までの和をコンピューターを使って求めた結果を見てもわかる．それによるとこの値は

$$\frac{1}{4} \times 3.14159\underline{0}653589793\underline{240}62643383\underline{26}9502884197\cdots$$

である．この下にラインを引いた値だけが，ここまでの小数展開の $\pi$ の値と違っている（$\underline{0}\to 2$（正），$\underline{40}\to 38$（正），$\underline{6}\to 7$（正））．このように，途中の値のところどころが違うということは，この近づき方の複雑さを端的に示している．

昨日示したように，実数のもつ"連続性"という基本的な性質を追求していくと，コーシーの定理にたどりつきます．この数列の収束性に関する定理を用いて実数という豊かな沃土を耕していくためには，足し算（一般には四則演算）が鍬の役目をするのです．この鍬を使って，数列 $a_1, a_2, \cdots, a_n, \cdots$ から新しい数列 $s_1, s_2, \cdots, s_n, \cdots$ が得られます．このようにして得られた新しい数列の収束性を，さまざまな局面で調べてみていく過程で，実数がその重い扉を私たちの前に少しずつ開けていき，そこに隠されている宝を示してくれることになるのです．

## 数列と級数

数列 $a_1, a_2, \cdots, a_n, \cdots$ が与えられたとき，新しい数列
$$s_1 = a_1, \ s_2 = a_1+a_2, \ \cdots, \ s_n = a_1+a_2+\cdots+a_n, \ \cdots \quad (1)$$

を考える．この数列が収束するかどうか，また収束する場合，極限値に近づいていく近づき方はどんなようすになるかを調べることは，これからの話の中で重要な主題となってくるが，そのために級数という言葉を導入しておこう．

> **定義** 記号 $a_1+a_2+\cdots+a_n+\cdots$，または記号 $\sum_{n=1}^{\infty} a_n$ を，数列 $\{a_n\}$ から得られる**級数**という．

この定義で $a_1+a_2+\cdots+a_n+\cdots$ を $\sum_{n=1}^{\infty} a_n$ と書き直したが，これはこれまでの $\sum_{n=1}^{100} n = 1+2+\cdots+100$ というような和の記号としての $\sum$（シグマ）の使い方を単に流用したにすぎないと考えれば，問題はない．むしろ問題があるとすれば，

$$a_1+a_2+\cdots+a_n+\cdots$$

を"記号"と言い切ったところにある（このあとの"小さなコメント"参照）．この定義で言っている限りでは，この表記は，単なる抽象画のようなものにすぎない．この抽象画が，現実の"数学の風景"を描くのは，数列 $\{s_n\}$ が収束するときである．すなわち

> **定義** (1)で与えてある数列 $\{s_n\}$ が，$n \to \infty$ のとき $\sigma$ に収束するとき，級数 $\sum_{n=1}^{\infty} a_n$ は**和** $\sigma$ をもつといい
> $$\sum_{n=1}^{\infty} a_n = \sigma$$
> と表わす．このとき級数 $\sum_{n=1}^{\infty} a_n$ は $\sigma$ に**収束する**ともいう．また収束しない級数は**発散する**という．

たとえば

$$a_1=\frac{1}{2},\ a_2=\frac{1}{2^2},\ a_3=\frac{1}{2^3},\ \cdots,\ a_n=\frac{1}{2^n},\ \cdots$$

のとき

$$s_n = \frac{1}{2}+\frac{1}{2^2}+\cdots+\frac{1}{2^n} = 1-\frac{1}{2^n}$$

となり（このことについては，すぐあとの"等比級数"を参照），したがって

$$\lim_{n\to\infty} s_n = 1,$$

したがってまた

$$\sum_{n=1}^{\infty} \frac{1}{2^n} = 1$$

となる．

一方，数列

$$a_1 = 1, \ a_2 = -1, \ a_3 = 1, \ a_4 = -1, \ \cdots, \ a_n = (-1)^{n-1}, \ \cdots$$

を考えると

$$s_1 = 1, \ s_2 = 0, \ s_3 = 1, \ s_4 = 0, \ \cdots$$

となり，数列 $\{s_n\}$ は 0 と 1 とが交互にでる数列となる．この数列は明らかに収束しない．したがって級数 $\sum_{n=1}^{\infty} a_n$ は発散する．

## 小さなコメント

級数の和の定義でよく誤解されるのは

$$a_1 + a_2 + \cdots + a_n + \cdots \tag{2}$$

と書くと，これは実際足し算をして答を出したのだと思いこんでしまう点にある．昔の人も，＋（プラス）記号の先には必ず答はあるものだと思って，このような式の意味するものに当惑していた．しかし足し算をする場合，電卓を使おうが，コンピューターを使おうが，最後には総計をとって答を求めなくてはならない．電卓でいえば，1つ1つの数のあとに記号キー"＋"を打って，最後に記号キー"＝"を打って答を求めるのが通例である．これに似たようなことを(2)に適用しようと思っても，(2)の指示しているのは，果てしない足し算であって，記号キー"＝"を打つような時は決して訪れないのである．すなわち，(2)の左の方の"$a_1 + a_2 + \cdots + a_n$"までの指示は，確かに足し算の指示であるが，その先につながる … の指示は，この極限を考えよという指示である．

極限があるかないかは，一般にはわからない場合が多い．だから，(2)の … を追って行って，その果てに極限がある場合と，ない場合

を記号を区別して使うということは適切ではないし，現実には一般的に不可能なのである．そのため，数学の定義としては珍しく，"記号 $\sum_{n=1}^{\infty} a_n$ を級数という" という，ある意味ではナンセンスに近い言い方を採用することになったと考えてよいだろう．

## 等比級数

級数の例として，もっとも基本的な等比級数のことを述べておこう．

ある数 $a$ から出発して，順次定数 $r$ をかけていくことによって得られる数列
$$a,\ ar,\ ar^2,\ \cdots,\ ar^{n-1},\ \cdots$$
を**等比数列**という．$a$ を**初項**，$r$ を**公比**という．この数列から得られる級数
$$\sum_{n=1}^{\infty} ar^{n-1} \qquad (3)$$
を**等比級数**という．

初項 $a$ が 0 のときには，
$$a,\ a+ar,\ a+ar+ar^2,\ \cdots,\ a+ar+\cdots+ar^{n-1},\ \cdots$$
はすべて 0 となり，したがってこの数列の極限値も 0，このことはこの場合
$$\sum_{n=1}^{\infty} ar^{n-1} = 0$$
となることを示している．

これからは $a \neq 0$ のときを考えることにしよう．このとき
$$S_n = a+ar+ar^2+\cdots+ar^{n-1} \qquad (4)$$
とおくと（$S_n$ を $n$ 項までの**部分和**という），
$$rS_n = ar+ar^2+\cdots+ar^{n-1}+ar^n \qquad (5)$$
したがって(4)から(5)を辺々引くと
$$(1-r)S_n = a-ar^n$$
となる．したがって $r \neq 1$ のときには

$$S_n = \frac{a(1-r^n)}{1-r}$$

と表わされることがわかった．また $r=1$ のときは，(4)から

$$S_n = an \tag{6}$$

である．

(4)を見てもわかるように，$n \to \infty$ のとき $S_n$ が一定の極限値に近づけば，等比級数(3)は和をもつことになる．ところが $r \neq 1$ のとき

$$S_n = \frac{a}{1-r} - \frac{ar^n}{1-r} \tag{7}$$

であり，一方，$n \to \infty$ のときの $r^n$ の挙動については一般に次のことが知られている．

$$|r|<1 \quad \text{ならば} \quad \lim_{n \to \infty} r^n = 0$$
$$r=1 \quad \text{ならば} \quad \lim_{n \to \infty} r^n = 1$$

$r$ がこれ以外のとき，$r^n$ は $n \to \infty$ のとき一定の極限値に近づかない

♣ この証明は次のようにする．$r>1$ のとき $r=1+r'$ $(r'>0)$ とおくと $r^n > 1+nr'$ が成り立ち，したがって $n \to \infty$ のとき $1+nr' \to \infty$ から $r^n \to \infty$ となる．$r=1$ のときはつねに $r^n=1$，したがって $\lim_{n \to \infty} r^n = 1$．$0<r<1$ のときは $r=\frac{1}{1+r'}$ $(r'>0)$ とおくと，$r^n = \frac{1}{(1+r')^n} < \frac{1}{1+nr'} \to 0$，したがって $\lim_{n \to \infty} r^n = 0$．$r<0$ のときには $\tilde{r}=-r$ とおくと，$\tilde{r}>0$ で $\tilde{r}^n = (-1)^n r^n$ となることに注意するとよいだろう．

$a \neq 0$ を仮定していたから，(6)から $r=1$ のときは，$S_n$ は $a>0$ のときは $\lim S_n = +\infty$，$a<0$ のときは $\lim S_n = -\infty$ となり，収束しない．

$r \neq 1$ のときは，$r^n$ の $n \to \infty$ での挙動と(7)の右辺第2項を見てみると，$S_n$ は $|r|<1$ のときに限って収束し，その極限値は

$$\frac{a}{1-r}$$

となることがわかる．

いろいろな場合にわけて述べたので，改めて結果をまとめておい

た方がわかりやすいだろう．それは次の定理となる．

> **定理** 等比級数 $\sum_{n=1}^{\infty} ar^{n-1}$ は
> （ⅰ） $a=0$ のときには収束し $\sum_{n=1}^{\infty} ar^{n-1}=0$
> （ⅱ） $a \neq 0$ のときには，$|r|<1$ のときに限って収束し
> $$\sum_{n=1}^{\infty} ar^{n-1} = \frac{a}{1-r}$$

## 級数の収束性

級数 $\sum_{n=1}^{\infty} a_n$ が収束するかどうかという問題は，数列
$$s_1 = a_1,\ s_2 = a_1 + a_2,\ \cdots,\ s_n = a_1 + a_2 + \cdots + a_n,\ \cdots \quad (8)$$
が収束するかどうかという問題と同じことなのだから，数列について今まで学んできた収束の判定条件は，そのまま級数に対しても使えるはずである．

まず［有界な増加数列の収束性］をこの立場で見てみよう．(8)の数列 $\{s_n\}$ が上に有界な増加数列であるということは
$$s_1 \leq s_2 \leq s_3 \leq \cdots \leq s_n \leq \cdots < K \quad (K はある定数)$$
が成り立つことであるが
$$s_{n-1} \leq s_n \quad ならば \quad s_n - s_{n-1} = a_n \geq 0$$
また
$$s_n - s_{n-1} = a_n \geq 0 \quad ならば \quad s_{n-1} \leq s_n$$
つまり，
$$s_{n-1} \leq s_n \iff s_n - s_{n-1} = a_n \geq 0$$
が成り立っている．したがって［有界な増加数列の収束性］をこの場合に適用してみると，$\{s_n\}$ が収束するという事実は次のようにいい直される．

> **定理 A** $a_n \geq 0\ (n=1, 2, \cdots)$ で，ある定数 $K$ をとると
> $$a_1 + a_2 + \cdots + a_n < K$$
> がつねに成り立つならば，$\sum_{n=1}^{\infty} a_n$ は収束する．

一般に，$a_n \geqq 0$ のとき，級数 $\sum_{n=1}^{\infty} a_n$ を**正項級数**という．上の定理は

"(上に)有界な正項級数は収束する"

として引用されることが多い．

次にコーシーの定理を数列(8)に適用してみよう．数列 $\{s_n\}$ が収束する必要十分条件は，どんな正数 $\varepsilon$ をとっても，ある番号 $N$ があって

$$m, n \geqq N \quad \text{ならば} \quad |s_m - s_n| < \varepsilon$$

である．ところが $m > n$ とすると

$$s_m - s_n = a_{n+1} + a_{n+2} + \cdots + a_m$$

である．したがって，次の級数に関する収束条件が得られた．

> **定理 B** 級数 $\sum_{n=1}^{\infty} a_n$ が収束するための必要十分条件は，どんな正数 $\varepsilon$ をとっても，ある番号 $N$ があって
> $$m > n \geqq N \quad \text{ならば} \quad |a_{n+1} + a_{n+2} + \cdots + a_m| < \varepsilon$$
> が成り立つことである．

この定理も，コーシーの定理として引用されることが多い．

## 収束性について

数列の収束性に関する基本的な事柄は，上の定理によって級数の方へと移しかえられた．この2つの定理のうち，定理Aから導かれることを少し述べておこう．

> **定理**（比較定理） 2つの正項級数 $\sum_{n=1}^{\infty} a_n, \sum_{n=1}^{\infty} b_n$ に対して
> $$a_n \leqq b_n \quad (n = 1, 2, \cdots)$$
> が成り立つとする．このとき
> (ⅰ) $\sum_{n=1}^{\infty} b_n$ が収束すれば，$\sum_{n=1}^{\infty} a_n$ も収束する．
> (ⅱ) $\sum_{n=1}^{\infty} a_n$ が発散すれば，$\sum_{n=1}^{\infty} b_n$ も発散する．

[証明]（ⅰ）$\sum_{n=1}^{\infty} b_n$ が収束するとして，その和を $\sigma$ とすると，明

らかに
$$b_1+b_2+\cdots+b_n \leqq \sigma \quad (n=1,2,\cdots)$$
したがってまた
$$a_1+a_2+\cdots+a_n \leqq \sigma \quad (n=1,2,\cdots)$$
が成り立ち，したがって定理Aによって，$\sum_{n=1}^{\infty} a_n$ は収束する．

（ii）$\sum_{n=1}^{\infty} a_n$ が発散するときは，有界でなく，したがって
$$a_1+a_2+\cdots+a_n \longrightarrow +\infty \quad (n\to\infty)$$
が成り立つ．したがってまた $a_n \leqq b_n$ により
$$b_1+b_2+\cdots+b_n \longrightarrow +\infty \quad (n\to\infty)$$
となって，$\sum_{n=1}^{\infty} b_n$ は発散する． （証明終り）

この比較定理の(i)で $\sum_{n=1}^{\infty} b_n$ を等比級数 $\sum_{n=1}^{\infty} Ar^n$ として使ってみると次の定理の形になる．

> **定理**（等比級数との比較定理）　正項級数 $\sum_{n=1}^{\infty} a_n$ に対し，適当な定数 $A$ と，$0<r<1$ をみたす $r$ に対し
> $$a_n \leqq Ar^n \quad (n=1,2,\cdots)$$
> が成り立つならば，$\sum_{n=1}^{\infty} a_n$ は収束する．

この定理も，結局はもとをただせば，[実数の連続性]からの帰結なのだけれど，そのことはしだいに定理の表面から奥へと入って，表立っては見えにくくなっている．数学が少しずつ実数という土壌の上に育ってきているのである．

正項級数については，次のことも注目すべきことなのである．いま数列 $a_1, a_2, \cdots, a_n \cdots$（$a_n \geqq 0$）から得られた正項級数 $\sum_{n=1}^{\infty} a_n$ が与えられたとする．このとき数列 $a_1, a_2, \cdots, a_n, \cdots$ の順序を適当に取りかえて並べ直したものを $c_1, c_2, \cdots, c_n, \cdots$ とする．ここからまた正項級数 $\sum_{n=1}^{\infty} c_n$ が得られる．（ふつうの足し算のような言い方をすれば，$\sum_{n=1}^{\infty} a_n$ と $\sum_{n=1}^{\infty} c_n$ とは，"和をとる"順序が違っている！）　このとき次の定理が成り立つ．

> **定理**（正項級数の順序交換可能性） $\sum_{n=1}^{\infty} a_n$ と $\sum_{n=1}^{\infty} c_n$ のどちらか一方が収束すれば，他方もまた収束し，
> $$\sum_{n=1}^{\infty} a_n = \sum_{n=1}^{\infty} c_n$$
> が成り立つ．

この定理の言っていることは，たとえでいえば次のようなことである．いまゼッケン $1, 2, \cdots, n, \cdots$ をつけたマラソン・ランナー $a_1, a_2, \cdots, a_n, \cdots$ がスタート地点にいる．やがて号砲一発，ランナーは走り出し，やがて 42.195 km を走って全員ゴールへと入ってくる．ゴールでは，ランナーを到着順に $c_1, c_2, \cdots, c_n, \cdots$ と並べて数えている．定理でいっていることは，このときゼッケン番号の順で $\sum_{n=1}^{\infty} a_n$ を求めても，到着順で $\sum_{n=1}^{\infty} c_n$ を求めても，同じことだというのである．

[証明] いま $c_1 + c_2 + \cdots + c_n$ を考えてみよう．上のたとえをそのまま使えば，$c_1, c_2, \cdots, c_n$ の中で一番大きなゼッケン番号をつけているランナーがいる．このゼッケン番号を $N$ とすると，$c_1, c_2, \cdots, c_n$ のつけているゼッケン番号はすべて $N$ 以下なのだから

$$c_1 + c_2 + \cdots + c_n \leqq a_1 + a_2 + \cdots + a_N$$

が成り立つ．したがっていま $\sum_{n=1}^{\infty} a_n$ が収束すると仮定して，その和を $\sigma$ とすると，

$$c_1 + c_2 + \cdots + c_n \leqq a_1 + a_2 + \cdots + a_N \leqq \sum_{n=1}^{\infty} a_n = \sigma \qquad (9)$$

となる．したがって定理 A から $\sum_{n=1}^{\infty} c_n$ は収束する．この和を $\tilde{\sigma}$ とすると，(9)から

$$\tilde{\sigma} \leqq \sigma \qquad (10)$$

が得られる．

一方，$a_1+a_2+\cdots+a_m$ を考えると，$a_1, a_2, \cdots, a_m$ の中で最後にゴールに到着した人の順位を $M$ 番目とすると
$$a_1+a_2+\cdots+a_m \leqq c_1+c_2+\cdots+c_M$$
となり，これから上と同様の議論で
$$\sigma \leqq \tilde{\sigma} \tag{11}$$
が得られる．(10)と(11)から $\sigma=\tilde{\sigma}$ が成り立つことがわかった．

いまは，$\sum_{n=1}^{\infty} a_n$ が収束するという仮定から出発したが，$\sum_{n=1}^{\infty} c_n$ が収束するという仮定から出発しても同様である．これで定理が証明された． (証明終り)

## 収束の必要条件

級数 $\sum_{n=1}^{\infty} a_n$ が収束するとする．このとき
$$a_n \longrightarrow 0 \quad (n\to\infty)$$
が成り立つ．このことは定理 B からわかる．実際，定理 B によれば，どんな小さい正数 $\varepsilon$ をとっても，ある番号 $N$ があって
$$m>n\geqq N \quad \text{ならば} \quad |a_{n+1}+a_{n+2}+\cdots+a_m|<\varepsilon$$
が成り立つ．ここで $m$ として $m=n+1$ をとると
$$|a_{n+1}|<\varepsilon$$
となる．$\varepsilon$ はどんな小さな正数でもよく，$n+1$ は $N+1$ より大きければ何でもよいのだから，このことは $a_n\to 0\,(n\to\infty)$ が成り立つことを示している．

しかし，$a_n\to 0\,(n\to\infty)$ は，$\sum_{n=1}^{\infty} a_n$ が収束するための必要条件だけれど，十分条件とはなっていない．必要十分条件は定理 B ではっきり述べられているのだから，これは明らかであるといってもよいのだが，しかし念のため $a_n\to 0$ であるが，$\sum_{n=1}^{\infty} a_n$ が収束しない例を1つ挙げておこう．

いま，$1, \dfrac{1}{2}, \dfrac{1}{3}, \cdots, \dfrac{1}{n}, \cdots$ という数列から得られる級数 $\sum_{n=1}^{\infty} \dfrac{1}{n}$ を考えてみることにしよう．このとき
$$a_n = \frac{1}{n} \longrightarrow 0 \quad (n\to\infty)$$

であるが，$\sum_{n=1}^{\infty} \frac{1}{n}$ は収束しない．それは次のようにしてわかる．

$$\frac{1}{3}+\frac{1}{4} > \frac{1}{4}+\frac{1}{4}=\frac{1}{2}$$

$$\frac{1}{5}+\frac{1}{6}+\frac{1}{7}+\frac{1}{8} > \frac{1}{8}+\frac{1}{8}+\frac{1}{8}+\frac{1}{8}=\frac{1}{2}$$

………

$$\frac{1}{2^{n-1}+1}+\frac{1}{2^{n-1}+2}+\cdots+\frac{1}{2^n} > \underbrace{\frac{1}{2^n}+\cdots+\frac{1}{2^n}}_{2^{n-1}\text{個}}=\frac{1}{2}$$

………

したがって $n>1$ のとき

$$1+\frac{1}{2}+\frac{1}{3}+\cdots+\frac{1}{n} > 1+\frac{1}{2}+\frac{1}{2}+\cdots+\frac{1}{2}=1+\frac{n}{2}$$

となり，

$$1+\frac{n}{2} \longrightarrow \infty \quad (n\to\infty)$$

に注意すると，$\sum_{n=1}^{\infty} \frac{1}{n}$ は収束しないことがわかる．

## 歴史の潮騒

　級数という考えは，ここで述べてきたような形に概念として明確に形が定まるまでには，長い歴史を要した．古代ギリシャの数学者の間には，"無限嫌悪"(horror infiniti)の念が深かったから，極限概念に根ざす級数が表立って取り出されるということはなかったのである．

　アルキメデスは，搾出法(exhausion method)とよばれる方法で，放物線の面積を求めることにはじめて成功した．アルキメデスの考えは，(説明のため座標平面上に表わすと)次のようなものであった．図のように放物線を内部から三角形によって細分していく．ここで $\Delta_1$ から $\Delta_2, \Delta_3$ へと移るときに，$\Delta_2, \Delta_3$ の頂点 P, Q の $x$ 軸への投影 P′, Q′ は，それぞれ OA, OB の中点となるようにしている．

　このとき

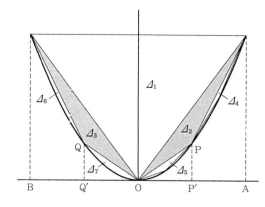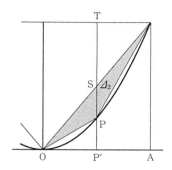

$$\Delta_2 = \Delta_3 = \frac{1}{8}\Delta_1$$

となる．このことは，図で $P'S = \frac{1}{2}P'T$, $PP' = \frac{1}{4}P'T$（放物線の性質）からわかる．したがって

$$\Delta_2 + \Delta_3 = \frac{1}{4}\Delta_1$$

$\Delta_2, \Delta_3$ から同じような操作で $\Delta_4, \Delta_5, \Delta_6, \Delta_7$ をつくることができて

$$\Delta_4 + \Delta_5 + \Delta_6 + \Delta_7 = \frac{1}{4}(\Delta_2 + \Delta_3) = \left(\frac{1}{4}\right)^2 \Delta_1$$

このようにして，アルキメデスは現在の観点で見れば

$$\Delta_1 \times \left(1 + \frac{1}{4} + \frac{1}{4^2} + \cdots\right) = \frac{4}{3}\Delta_1$$

を求めていたのであるが，アルキメデス自身は級数を避けて，放物線の面積は $\frac{4}{3}\Delta_1$ を越えることができず，また細分を続ければ，いくらでも $\frac{4}{3}\Delta_1$ に近づけることができるという論法でこの値を求めたのである．

中世後期になると，スコラ哲学者たちは，潜在的に可能なものとして無限を論ずるようになってきた．14世紀になって，論理学者でもあり，"計算者"としても有名であったリチャード・スワインズヘッドは次のような問題を解いている．

"もし与えられた時間間隔の最初の半分を通じて，変化がある強度で続き，次の $\frac{1}{4}$ では2倍の強度，次の $\frac{1}{8}$ では3倍の強度と以下

無限に続くとすれば，時間間隔全体に対する平均強度は，初期の強度の2倍となるであろう."

この問題を解いたということは，級数の和

$$\frac{1}{2}+\frac{2}{4}+\frac{3}{8}+\cdots+\frac{n}{2^n}+\cdots = 2$$

を求めたことになっている．リジューの司祭でもあった当時の有名な数学者オーレル（1323?-1382）は，この結果に簡単な証明を与えたが，さらに

$$\frac{1\cdot 3}{4}+\frac{2\cdot 3}{16}+\frac{3\cdot 3}{64}+\cdots+\frac{n\cdot 3}{4^n}+\cdots = \frac{4}{3}$$

を示している．また級数

$$1+\frac{1}{2}+\frac{1}{3}+\cdots+\frac{1}{n}+\cdots$$

が発散することも，私たちが上に用いたような方法で明らかにしている．

しかし，極限概念が確立するまでは，"和の記号のあるところには必ず答がある"という考えが支配的であって，そのためときどき級数は，数学者に理解できない不思議な状況を示し，困惑させることもあったのである．

### 先生との対話

山田君が，よくわからないという顔つきで質問をはじめた．

「ぼくは，今日の話はよくわかった積りだったのですが，おしまいのところで級数という考えが，昔の数学者たちを困らせたということを聞いて，おや，と思いました．一体，級数の概念の中でどんなところがむずかしかったのでしょう.」

先生は，一瞬，遠い昔を思いやるといった顔つきをされて，それから話し出された．

「たとえば17世紀頃までは

$$1-1+1-1+1-\cdots$$

と表わされる級数をどのように理解したものか，誰もよくわからず，困っていたのです．つまり，和と差の記号で結ばれているこの式は，必ずある決まった値を表わしているに違いないと考えていたのです．

　グランディという17世紀から18世紀にかけてのイタリーの数学者は，ライプニッツとの文通の中で，この和は $\frac{1}{2}$ である（そう考えた理由ははっきりしませんが，$|x|<1$ で成り立つ式 $\frac{1}{1+x}=1-x+x^2-\cdots$ に $x=1$ を代入してみたのかもしれません）といって，それから

$$1-1+1-1+1-1+\cdots = (1-1)+(1-1)+(1-1)+\cdots$$
$$= 0+0+0+\cdots$$
$$= \frac{1}{2}$$

と書いて，ここにはキリスト教の奇跡にみられるような逆理があるといっています．

　実際はグランディのように括弧でくくってみると，括弧のくくり方によって

$$1-1+1-1+\cdots = 1+(-1+1)+(-1+1)+\cdots = 1$$
$$\underline{1}-\underline{1}+\underline{1}-\underline{1}+1-\cdots = \underline{1}+1+(-\underline{1}+\underline{1})+(-1+1)+\cdots = 2$$

（括弧の中の $-1$ と $1$ は 2 つおきにとっている）

$$\underline{1}-\underline{1}+1-\underline{1}+1-\cdots = -\underline{1}+(\underline{1}-\underline{1})+(1-1)+\cdots = -1$$

となります．同じように考えると，最初に $+1$ を $n$ 個とって，次に $-1$ と $+1$ を $n$ 間隔でとって括弧でくくっておくと，この式の値は自然数 $n$ に等しくなるようにみえます．どうしてこんなことになったのでしょう．」

　先生の質問など無視して，教室の中がにぎやかになってきた．

　「グランディさんのようにすれば，$-100$ に等しいという式も出るよ．それには $-1$ を最初 100 だけとって，次に 1 と $-1$ を 100 おきにとって括弧でくくればよいんだもの．」

　「そうすると，この式は，すべての整数を表わすことになるわ．」

　「整数を表わす？　でもそうすると，整数がみんな等号で結ばれることになるよ，大矛盾！　大矛盾！」

それから急に静かになって,皆は先生の質問にどう答えたらよいのかと考えはじめた.じっと考えていた明子さんが,手を上げてはっきりした口調で答えた.

「級数 $1-1+1-1+\cdots$ の答が何になるかを考える前に,数列
$$s_1 = 1,\ s_2 = 1-1,\ s_3 = 1-1+1,\ \cdots,$$
$$s_n = 1-1+1-\cdots+(-1)^{n+1}, \cdots$$
が収束するかどうかをみなくてはなりません.しかし
$$s_n = \begin{cases} 1 & n \text{ が奇数} \\ 0 & n \text{ が偶数} \end{cases}$$
ですから,数列 $\{s_n\}$ は 1 と 0 の 2 つの値をいつまでも往き来して,収束しません.

要するに級数 $1-1+1-1+\cdots$ は発散する級数で,ここに答があると考えたのが間違いだったのだと思います.」

先生は,明子さんの答は明快すぎて,皆はこれだけでは納得しきれないかもしれないと思われたのか,次のようにつけ加えられた.

「明子さんのいう通りなのですが,少しコメントをつけ加えておきます.数列の極限という立場に立てば,1 つの数列が収束するか,発散するかということは,明確な概念であるといってよいのです.実際,一方は,ある値に近づくということですし,他方はある値に近づかないということです.しかし,級数へ移って,級数を
$$a_1 + a_2 + \cdots + a_n + \cdots$$
と表わせば,実際はこれは数列の極限を問題にしているのですが,この表現の中からは,近づくというような動的な感じはひとまず消えてしまいます.ですから,たとえば
$$1-1+1-1+\cdots$$
のように,昔からなれ親しんできた足し算と引き算を表わす表現形式の先に,$\cdots$ を加えただけで,この表現は実は何も表わしていないということは,信じがたいことだったのです.有限の確実に存在する世界から,扱いなれた数学の記号を経由して数学がしだいに抽象化され無限の世界へ入ろうとしたのですが,その際,その道の途中に,級数概念が $\cdots$ という謎めいた記号によって数学者の前に立

ちはだかってきたと考えてよいでしょう．四則演算と極限とは，本来融和しがたい考えだったのです．グランディのライプニッツへの手紙は，数学史の上でその姿を映し出しているのです．」

## 問　　題

[1] 次の級数の和を求めなさい
$$\frac{1}{4}+\frac{2}{16}+\cdots+\frac{n}{4^n}+\cdots$$
(ヒント：$S_n=\frac{1}{4}+\frac{2}{16}+\cdots+\frac{n}{4^n}$ から $\frac{1}{4}S_n=\frac{1}{16}+\frac{2}{64}+\cdots+\frac{n}{4^{n+1}}$ を引いた式を考える．)

[2] 正項級数 $\sum_{n=1}^{\infty} a_n$ で
$$\frac{a_{n+1}}{a_n}<\frac{1}{2} \qquad (n=1,2,\cdots)$$
が成り立つならば，この級数は収束することを示しなさい．

[3] (1) 級数
$$1+\frac{1}{2^2}+\frac{1}{3^2}+\cdots+\frac{1}{n^2}+\cdots$$
は収束することを示しなさい．
(ヒント：$\frac{1}{2^2}+\frac{1}{3^2}<\frac{1}{2^2}+\frac{1}{2^2}=\frac{1}{2}$, $\frac{1}{4^2}+\frac{1}{5^2}+\frac{1}{6^2}+\frac{1}{7^2}<\frac{1}{4^2}+\frac{1}{4^2}+\frac{1}{4^2}+\frac{1}{4^2}=\frac{1}{2^2}$, $\cdots$)

(2) $k=3,4,5,\cdots$ に対して，級数
$$1+\frac{1}{2^k}+\frac{1}{3^k}+\cdots+\frac{1}{n^k}+\cdots$$
は収束することを示しなさい．

[4] 級数
$$1+\frac{1}{\sqrt{2}}+\frac{1}{\sqrt{3}}+\cdots+\frac{1}{\sqrt{n}}+\cdots$$
は収束するか，発散するかを判定しなさい．

## お茶の時間

**質問** ガウスのことはぼくでも断片的に少し知っていますが，同じ時代のコーシーについては，どんな人だったのか一度も聞いたことがありません．この機会に少し話して頂けませんか．

**答** コーシーは，フランス革命の幕開けとなったバスティーユ監獄襲撃の1週間後の1789年8月にパリで生まれた．コーシーの父は法律関係の政府の役人であったので恐怖政治の間，パリを離れて，アルキュイ村に難を避けていた．コーシーはそこで少年時代を過したのだが，近所にラプラスがいて，ラプラスはコーシーが科学の才に恵まれていることを認めていた．しかしラプラスは，まず文学的な勉強をコーシーにさせる方がよいといって，17歳になるまでは数学の本を見せない方がよいだろうと父親に忠告したという．やがてナポレオンが抬頭してくると，コーシー一家はパリにもどり，1805年にコーシーは，エコール・ポリテクニクに入学し，2年間土木工学を学ぶため，土木工業校に入った．1809年頃卒業して，その後技術者として，シェルブール港の海軍基地の建設にたずさわったこともあった．

1811年に，凸多面体は剛性をもつかというラグランジュの問題を解き，1814年には複素関数論において現在コーシーの定理とよばれている基本定理を証明し，数学者としての地位を確立した．しかしコーシーは，生涯を通して王党派であったため，政治の渦に巻きこまれることも多く，最終的に社会的地位が安定したのは，1838年にエコール・ポリテクニクの教授となってからであり，その後1848年から1852年までは，ソルボンヌ大学の教授となった．

コーシーは1857年の没年に至るまで，数学の論文を数多く発表し続けた．コーシーの主要な関心は解析学にあり，特に微分積分学に対して一貫した理論構成を試みたことと，複素関数論への道を拓いたことが，以後の数学に強い影響を与えたのである．

木曜日

# 絶対収束と条件収束

## 先生の話

　昨日最後に話したように，足し算，引き算と極限という考えは，生まれた場所も，育ってきた土壌もまったく違うものでした．もう少し一般的にいえば，四則演算と極限概念とは本来異なる場所にありました．

　数の四則演算は，その起源を数の誕生と同じくらい遠い昔におくのでしょうが，その中にある演算規則は，9世紀になってアラビヤで記号化して取り出され，代数学の揺籃をつくることになりました．このアラビヤで生まれた数学は，地中海貿易の波に乗って，12〜13世紀にイタリーに入り，金融や商業上の目的にも適っていたため，算術，代数が普及し，同時にローマ数字からアラビヤ数字へと数字表記法も変わってきました．＋（プラス記号）や－（マイナス記号）も16世紀までには大体ととのってきました．

　このように記号のことに少し触れているのは，昨日の級数の話でも，あのような一般的な立場で述べることができたのは，数学の記号表記が十分ととのっていたからだと思うからです．55-56頁で述べたスワインズヘッドの問題を見てもわかるように，単に文章で述べただけでその内容を記号化しないと一般的背景は捉えにくいものなのです．私たちは数学の記号になれていますから，ライプニッツの"数学の秘密はその記号にある"という思想を思い起こす機会も少なくなりましたが，級数概念を育てた1つの萌芽はその記号にあったと考えてよいでしょう．そしてやがて記号表記の中にあった"＋…"の謎に直面することになったのです．

　一方，極限概念は，算術や代数演算とは無関係のところから生じました．"近づく"という数学的現象は，面積を測るときや，動力学の問題から生じましたが，その背景にあったのは，私たちの時間，空間に対する知覚であり，また直観でした．

　したがって歴史的経過だけみれば，代数演算と極限概念とは本来水と油のように，うまく融けこまないものだといってもよかったの

です．しかしはじめのうちは，このひずみは，$1-1+1-1+\cdots$ の解釈のような場合に，時折，顔を出す程度だったと思います．もしこれに近い事態がひんぱんに起きたら，数学者はきっと級数を扱う気など無くしてしまったでしょう．

やがて18世紀になって，級数がどんどん数学の奥深くまで入ってくるようになってくると，いろいろな所でもう少し深刻な局面が数学の中で生じてきました．そこで改めて，代数的演算と極限概念がどのようなところで融合し，またどのようなところでいわば相反する現象を引き起こすものかを明らかにする必要に迫られました．そしてその議論の基盤として，実数概念の中では，四則演算と極限概念とが確かに融合し，共存しているということを確かめておく必要があったのです．

私たちは，すでに『数学が生まれる物語』第2週で，実数の中でも，四則演算が極限概念を経由して有理数の中ですでに知っている規則と整合する形で定義できることを述べましたので，今日はそこから出発して，その展開を話していくことにしましょう．

## 四則演算と極限

まず四則演算と極限について基本的な関係を与えている次の定理を証明する．この証明の基礎となるのは，火曜日の"数列の収束性"で述べた $\lim_{n\to\infty} a_n = \alpha$ の定義であり，これをもう一度繰り返しておくと

どんな小さい正数 $\varepsilon$ をとっても，ある番号 $N$ が存在して

$n \geqq N$ ならば $|a_n - \alpha| < \varepsilon$

である．もちろんここで，"どんな小さい正数 $\varepsilon$"という代りに"どんな正数 $\varepsilon$ をとっても"といっても，実質的内容は変わらない．また以下の定理の中では，$\lim_{n\to\infty}$ を $\lim$ と略記してある．

> **定理** 数列 $\{a_n\}, \{b_n\}$ がともに収束するとき，次のことが成り立つ．

> (ⅰ) $\lim a_n + \lim b_n = \lim(a_n + b_n)$
>
> (ⅱ) $\lim a_n - \lim b_n = \lim(a_n - b_n)$
>
> (ⅲ) $\lim a_n \lim b_n = \lim(a_n b_n)$
>
> (ⅳ) $b_n \neq 0$ $(n=1, 2, \cdots)$, $\lim b_n \neq 0$ のとき
>
> $$\frac{\lim a_n}{\lim b_n} = \lim \frac{a_n}{b_n}$$

［証明］（ⅰ）$\lim a_n = \alpha$, $\lim b_n = \beta$ とする．このとき $\lim(a_n + b_n) = \alpha + \beta$ を示すとよい．正数 $\varepsilon$ を1つとっておく．$n \to \infty$ のとき $a_n$ が $\alpha$ に，$b_n$ が $\beta$ に収束することから，ある番号 $N_1, N_2$ があって

$$n \geq N_1 \quad \text{ならば} \quad |a_n - \alpha| < \frac{\varepsilon}{2}$$

$$n \geq N_2 \quad \text{ならば} \quad |b_n - \beta| < \frac{\varepsilon}{2}$$

となる．したがって，$N_1, N_2$ の大きい方を $N$ とすると

$n \geq N$ ならば
$$|(a_n + b_n) - (\alpha + \beta)| = |(a_n - \alpha) + (b_n - \beta)|$$
$$\leq |a_n - \alpha| + |b_n - \beta|$$
$$< \frac{\varepsilon}{2} + \frac{\varepsilon}{2} = \varepsilon$$

このことは，$N$ より大きい番号 $n$ に対しては，$a_n + b_n$ がすべて $\alpha + \beta$ から $\varepsilon$-範囲に入ることを示している．すなわち

$$\lim(a_n + b_n) = \alpha + \beta$$

が成り立つことが示された．

（ⅱ）（ⅰ）と同様にして証明される．

（ⅲ）まず，$\{b_n\}$ は収束する数列だから $\{b_n\}$ は有界であり，したがってある正数 $K$ をとると

$$|b_n| < K \quad (n=1, 2, \cdots)$$

が成り立つことを注意する．与えられた正数 $\varepsilon$ に対して，番号 $N_1, N_2$ を適当にとると

$$n \geq N_1 \quad \text{ならば} \quad |a_n - \alpha| < \frac{\varepsilon}{2K}$$

$$n \geqq N_2 \quad \text{ならば} \quad |b_n - \beta| < \frac{\varepsilon}{2(|\alpha|+1)}$$

が成り立つ．（ここで $\alpha, \beta$ の近くを指定する範囲を，それぞれ $\frac{\varepsilon}{2K}$ 以内，$\frac{\varepsilon}{2(|\alpha|+1)}$ 以内ととったのは，いわば証明の手順ともいうべきもので，それほど本質的な意味があるわけではない．）$N$ として $N_1, N_2$ の大きい方をとると

$n \geqq N$ ならば
$$\begin{aligned}|a_n b_n - \alpha\beta| &= |(a_n-\alpha)b_n + \alpha(b_n-\beta)| \\ &\leqq |a_n-\alpha||b_n| + |\alpha||b_n-\beta| \\ &< |a_n-\alpha|K + |\alpha||b_n-\beta| \\ &< \frac{\varepsilon}{2K}\cdot K + \frac{|\alpha|\varepsilon}{2(|\alpha|+1)} \\ &< \frac{\varepsilon}{2} + \frac{\varepsilon}{2} = \varepsilon\end{aligned}$$

となる．このことは

$$\lim(a_n b_n) = \alpha\beta$$

が成り立つことを示している．

（iv）$b_n \neq 0 \ (n=1,2,\cdots)$，$\beta \neq 0$ により，ある正数 $L$ があって
$$|b_n| > L \ (n=1,2,\cdots), \quad |\beta| > L$$
が成り立つ．このとき

$$\begin{aligned}\left|\frac{a_n}{b_n} - \frac{\alpha}{\beta}\right| &= \frac{1}{|b_n||\beta|}|a_n\beta - \alpha b_n| \\ &< \frac{1}{L^2}|(a_n\beta - \alpha\beta) + (\alpha\beta - \alpha b_n)| \\ &\leqq \frac{1}{L^2}(|\beta||a_n-\alpha| + |\alpha||b_n-\beta|)\end{aligned}$$

となる．この式の形から，(iii)と同じように考えると

$$\lim \frac{a_n}{b_n} = \frac{\alpha}{\beta}$$

が成り立つことがわかる．　　　　　　　　　　　　　　　（証明終り）

　この定理は，四則演算と極限概念とが，数列の場合にはぴったりとかみ合っていることを示している．この定理にははじめて出会ったという感じをもたれる人も多いと思う．しかし，この原型にはす

でに『数学が生まれる物語』第2週で出会っている．そのことを説明してみよう．いま $\{a_n\}$ としては，$\sqrt{2}$ に近づく有限小数列
$$a_1 = 1.4, \ a_2 = 1.41, \ a_3 = 1.414, \ \cdots$$
をとり，$\{b_n\}$ としては，$\pi$ に近づく有限小数列
$$b_1 = 3.1, \ b_2 = 3.14, \ b_3 = 3.141, \ \cdots$$
をとって定理を適用してみる．このとき $\lim a_n = \sqrt{2}$, $\lim b_n = \pi$ だから，たとえば(i)のいっていることは
$$\lim(a_n + b_n) = \sqrt{2} + \pi$$
であり，したがって $\sqrt{2} + \pi$ は，有限小数列
$$1.4 + 3.1 = 4.5, \ 1.41 + 3.14 = 4.55, \ 1.414 + 3.141 = 4.555, \ \cdots$$
の極限として求められるということである．

(iii)のいっていること，$\sqrt{2}\pi$ は，有限小数列
$$1.4 \times 3.1 = 4.34, \quad 1.41 \times 3.14 = 4.4274,$$
$$1.414 \times 3.141 = 4.441374, \quad \cdots$$
の極限として求められるということになる．ところがこのような原理こそ，実数の中に四則演算を導入するとき用いた原理であった．上の定理は，この原理が，単に無限小数に近づく有限小数列の場合だけではなくて，一般の数列に対しても成り立つといっているのである．

## 級数の場合

級数 $\sum_{n=1}^{\infty} a_n$ と $\sum_{n=1}^{\infty} b_n$ を考える．この級数が収束するということは，2つの数列
$$s_1 = a_1, \ s_2 = a_1 + a_2, \ \cdots, \ s_n = a_1 + a_2 + \cdots + a_n, \ \cdots$$
$$s_1' = b_1, \ s_2' = b_1 + b_2, \ \cdots, \ s_n' = b_1 + b_2 + \cdots + b_n, \ \cdots$$
が収束するということであり，またこのとき
$$s_n + s_n' = \sum_{i=1}^{n}(a_i + b_i), \quad s_n - s_n' = \sum_{i=1}^{n}(a_i - b_i)$$
である．したがって

$$\lim s_n = \sum_{n=1}^{\infty} a_n, \quad \lim s_n' = \sum_{n=1}^{\infty} b_n,$$
$$\lim(s_n+s_n') = \sum_{n=1}^{\infty}(a_n+b_n), \quad \lim(s_n-s_n') = \sum_{n=1}^{\infty}(a_n-b_n)$$

に注意すると，上の定理(i),(ii)は級数の場合，次のようにいい直すことができる．

> **定理** 級数 $\sum_{n=1}^{\infty} a_n, \sum_{n=1}^{\infty} b_n$ がともに収束するとき，次のことが成り立つ．
> 
> (i) $\sum_{n=1}^{\infty}(a_n+b_n)$ も収束して
> $$\sum_{n=1}^{\infty} a_n + \sum_{n=1}^{\infty} b_n = \sum_{n=1}^{\infty}(a_n+b_n)$$
> 
> (ii) $\sum_{n=1}^{\infty}(a_n-b_n)$ も収束して
> $$\sum_{n=1}^{\infty} a_n - \sum_{n=1}^{\infty} b_n = \sum_{n=1}^{\infty}(a_n-b_n)$$

しかし，積について上の定理(iii)をそのまま級数の方へもちこもうと思っても

$$s_n s_n' = (a_1+a_2+\cdots+a_n)(b_1+b_2+\cdots+b_n) = \sum_{1 \leq i,j \leq n} a_i b_j$$

となり，このままの形ではあまり使いやすいとはいえないのである．

## 正項級数の部分級数への分解

昨日話したように，正項級数は順序を交換して"足して"いっても，収束する値は変わらない．実は次のようなこともいえる．たとえば正項級数（等比級数！）

$$1 + \frac{1}{2} + \frac{1}{2^2} + \frac{1}{2^3} + \cdots + \frac{1}{2^n} + \cdots = 2$$

を考えてみる．この級数の項を3つおきにとって，3つの級数

$$\sum_{k=0}^{\infty} \frac{1}{2^{3k}} = 1 + \frac{1}{2^3} + \frac{1}{2^6} + \cdots \qquad \left(=\frac{8}{7}\right)$$

$$\sum_{k=0}^{\infty}\frac{1}{2^{3k+1}} = \frac{1}{2}+\frac{1}{2^4}+\frac{1}{2^7}+\cdots \quad \left(=\frac{1}{2}\cdot\frac{8}{7}\right)$$

$$\sum_{k=0}^{\infty}\frac{1}{2^{3k+2}} = \frac{1}{2^2}+\frac{1}{2^5}+\frac{1}{2^8}+\cdots \quad \left(=\frac{1}{2^2}\cdot\frac{8}{7}\right)$$

へと分解し,それぞれの級数の和を求めてから加えても,もとの級数の和と一致する：

$$\sum_{n=1}^{\infty}\frac{1}{2^n} = \sum_{k=0}^{\infty}\frac{1}{2^{3k}}+\sum_{k=0}^{\infty}\frac{1}{2^{3k+1}}+\sum_{k=0}^{\infty}\frac{1}{2^{3k+2}}$$

このことを級数

$$\sum_{n=1}^{\infty}\frac{1}{2^n}$$

の和は,3つの**部分級数の和**

$$\sum_{k=0}^{\infty}\frac{1}{2^{3k}}+\sum_{k=0}^{\infty}\frac{1}{2^{3k+1}}+\sum_{k=0}^{\infty}\frac{1}{2^{3k+2}}$$

に等しいという.

このことは,一般の正項級数にも成り立つことであって,正項級数が収束するとき,この和は,この級数をいくつかの部分級数にわけて,それぞれの和を求めてから加えてもよい.

念のためここに述べられている内容とこの証明の考え方を,昨日,"正項級数に対しては項の順序を変えてもよい"という定理の証明のときに用いたたとえをもう一度使って説明してみよう.

ゼッケン $1, 2, \cdots, n, \cdots$ をつけてスタートしたランナー

$$a_1, a_2, \cdots, a_n, \cdots$$

は,ゴール地点ではまず青年組が $b_1, b_2, \cdots$ の順で到着し,次に壮年組が $c_1, c_2, \cdots$ の順で,これらが全部到着したあとで老年組が $d_1, d_2, \cdots$ の順で到着する.このときゼッケン番号の順で和を求めても,到着順にしたがって和を求めても結果は等しいというのである.すなわち

$$\sum_{n=1}^{\infty}a_n = \sum_{n=1}^{\infty}b_n+\sum_{n=1}^{\infty}c_n+\sum_{n=1}^{\infty}d_n \tag{1}$$

が成り立つというのである.

それは次の2つのことからわかる.まずそれぞれの組の到着順 $n$

番目までとって，その中で最大のゼッケン番号を調べたところ $N$ であったとすれば

$$b_1+b_2+\cdots+b_n+c_1+c_2+\cdots+c_n+d_1+d_2+\cdots+d_n$$
$$\leqq a_1+a_2+\cdots+a_N$$

が成り立つ．したがって当然

$$\sum_{k=1}^{n} b_k + \sum_{k=1}^{n} c_k + \sum_{k=1}^{n} d_k \leqq \sum_{n=1}^{\infty} a_n \tag{2}$$

である．

次に，$M$ 番目までのゼッケン番号をつけた人を考えることにする．これらの人たちはもちろん青年組か壮年組か老人組に属しているから，それぞれの組の中で一番遅くゴールに着いた人がいる．その到着番号の中の"最下位"を $m$ 番目とすれば

$$a_1+a_2+\cdots+a_M \leqq b_1+b_2+\cdots+b_m+c_1+c_2+\cdots+c_m$$
$$+d_1+d_2+\cdots+d_m$$

が成り立つ．したがって

$$\sum_{k=1}^{M} a_k \leqq \sum_{n=1}^{\infty} b_n + \sum_{n=1}^{\infty} c_n + \sum_{n=1}^{\infty} d_n \tag{3}$$

である．(2)で $n\to\infty$，(3)で $M\to\infty$ としてみると(1)が成り立つことがわかる．

私たちは，ふつうの自然数の足し算では，たとえば

$$21 = (7+6)+8 = \{\overbrace{(1+1+\cdots+1)}^{7}+\overbrace{(1+1+\cdots+1)}^{6}\}$$
$$+\overbrace{(1+1+\cdots+1)}^{8} = 1+1+\cdots+1$$
$$= \overbrace{(1+1+\cdots+1)}^{7}+\{\overbrace{(1+1+\cdots+1)}^{6}+\overbrace{(1+1+\cdots+1)}^{8}\}$$

$$= 7+(6+8)$$

のような考えをもとにして，結合法則 $(A+B)+C=A+(B+C)$ が成り立つことを知ってきた．足し算をするときには，どこから足しはじめていってもよいということを結合法則というならば，上に述べたことは，**収束する正項級数に対しては結合法則が成り立つ**，といい表わすことができるかもしれない．

## 絶対収束する級数

正項級数のもつ，このような"よい性質"は，正項級数に関するいろいろな結果を，私たちが算術の中で培ってきた計算に対する感覚で理解することを助けてくれる．しかしこのような"よい性質"が，正項級数にしか使えないと，負の数が現われる級数に対しては扱いがやっかいなことになる．そのため，正，負の数が現われても，それでもなお収束に対して"よい性質"をもっているような，正項級数より広い級数のクラスを設定しておこう．その設定は次の定義で与えられる．

> **定義** 級数 $\sum_{n=1}^{\infty} a_n$ に対し，各項の絶対値をとって得られる級数
> $$\sum_{n=1}^{\infty} |a_n|$$
> が収束するとき，$\sum_{n=1}^{\infty} a_n$ は**絶対収束**するという．

絶対収束するという用語は，何か"絶対に収束する"というような絶対的なものを連想させるが，実際はそのような意味ではなくて，少なくとも原義は"絶対値をとると収束する"ということである．しかし，ある意味では，絶対収束する級数は絶対に収束しているともいえるのである．すなわち

> **定理** 絶対収束する級数は収束する．

［証明］ $\sum_{n=1}^{\infty} a_n$ を絶対収束する級数とする．このとき $\sum_{n=1}^{\infty} |a_n|$ は

収束するのだから，これに対してコーシーの収束条件を使うと，正数 $\varepsilon$ に対してある番号 $N$ がとれて

$\quad m>n\geqq N \quad$ ならば $\quad ||a_{n+1}|+|a_{n+2}|+\cdots+|a_m||<\varepsilon$

となる．したがって

$\quad m>n\geqq N \quad$ ならば

$\quad |a_{n+1}+a_{n+2}+\cdots+a_m|\leqq ||a_{n+1}|+|a_{n+2}|+\cdots+|a_m||<\varepsilon$

となり，$\sum_{n=1}^{\infty}a_n$ もコーシーの収束条件をみたしていることがわかる．したがって $\sum_{n=1}^{\infty}a_n$ も収束する． （証明終り）

いま $\sum_{n=1}^{\infty}a_n$ を絶対収束する級数とし，この級数の性質を調べてみよう．

$a_n\,(n=1,2,\cdots)$ の中に正のものも，負のものも，そして場合によっては 0 も含まれている．0 は収束には関係しないから，正の項と負の項に注目することにし，まず $a_n>0$ となる $a_n$ をはじめから順に取り出して，それを

$$b_1,b_2,\cdots,b_k,\cdots \quad (b_k>0)$$

と表わすこととし，次に $a_n<0$ となる $a_n$ を同じように順に取り出して，それを

$$-c_1,-c_2,\cdots,-c_l,\cdots \quad (c_l>0)$$

と表わすこととする．こうすると，$\sum_{n=1}^{\infty}a_n$ はたとえば

$$\sum_{n=1}^{\infty}a_n=-c_1-c_2+b_1+b_2+\cdots+b_{10}-c_3+b_{11}-c_4-c_5+b_{12}+\cdots$$

のように表わされる．

$\sum_{n=1}^{\infty}|a_n|$ は収束するのだから，したがってこの例では

$$\sum_{n=1}^{\infty}|a_n|=c_1+c_2+b_1+b_2+\cdots+b_{10}+c_3+b_{11}+c_4+c_5+b_{12}+\cdots$$

が収束し，右辺は有界な正項級数となる．したがってまた

$$\sum_{k=1}^{\infty}b_k,\quad \sum_{l=1}^{\infty}c_l$$

は有界な正項級数となり，収束する．すなわち

絶対収束する級数では，正の項をとって得られる部分級数と，負の項をとって得られる部分級数はそれぞれ収束する．

そこで
$$\beta = \sum_{k=1}^{\infty} b_k, \quad \gamma = \sum_{l=1}^{\infty} c_l$$
とおくと，正項級数は，和の順序をとりかえてよいから
$$\sum_{n=1}^{\infty} |a_n| = \beta + \gamma$$
となる．

このとき実は
$$\sum_{n=1}^{\infty} a_n = \beta - \gamma$$
が成り立つ．

このことをきちんと $\varepsilon$ の範囲を設定しながら証明するのは少しわずらわしいので，次のような説明で満足してもらうことにする．$\sum_{n=1}^{\infty} a_n$ は収束しているので，番号 $N$ を十分大きくとると
$\sum_{n=1}^{\infty} a_n \sim \sum_{n=1}^{N} a_n$ （近似的に——十分小さい誤差を除くと——等しい）
必要ならば，$N$ をもっとずっと大きくとっておくと，$a_1 + \cdots + a_N$ の中に入っている正項の和 $b_1 + \cdots + b_k$ は近似的には $\beta$ に等しくなり，また，負項の和 $-c_1 - \cdots - c_l$ は近似的には $-\gamma$ に等しくなる．したがって
$$\sum_{n=1}^{N} a_n \sim \beta - \gamma$$
となる．したがって $N \to \infty$ とすると
$$\sum_{n=1}^{\infty} a_n = \beta - \gamma$$
が成り立つことがわかる．

正項級数 $\sum_{n=1}^{\infty} |a_n|$ では項の順序をとりかえて加えても和は変わらず $\beta + \gamma$ なのだから，上の説明からもわかるように，$\sum_{n=1}^{\infty} a_n$ の方も，

この項のとりかえによって和は変わらず $\beta-\gamma$ となる．

もっと一般にして，$\sum_{n=1}^{\infty} a_n$ を部分級数の和としてわけてみても，やはり和は変わらない．すなわち次の結果が成り立つ．

> 級数 $\sum_{n=1}^{\infty} a_n$ が絶対収束するときには，項の順序をとりかえても，また，部分級数の和として分けてみても，その和は変わらない．

### 歴史の潮騒

18 世紀の偉大な数学者たち，オイラー，ラグランジュ，ラプラスたちは，積極的に級数概念を用い，それによって，あとで述べるように解析学の宝庫を豊かなものとしたが，批判的な立場で級数概念を見直してみるということはあまりなかったようである．

だから絶対収束する級数などという概念が生まれて，それが一般化してきたのは，たぶん 19 世紀半ばをすぎてからだろう．もっとも，絶対収束する級数に注目し，そこでは項の順序をとりかえて加えてもよいなどという事実を明確にしようと試みるようになったきっかけは，1829 年にディリクレが絶対収束しない級数に対しては，収束に対して，ある特異な性質が現われることを注意したことによっている．

絶対収束はしないが収束する級数とは，正の項と負の項とが互いにまじり合った級数で，正の項だけを加えると発散して $+\infty$ となり，また負の項だけ加えると発散して $-\infty$ となるが，それでもしだいに加えていくときあるバランスを保って，一定の値に収束していくような級数である．このような級数を**条件収束する級数**という．

条件収束する級数の典型的な例は

$$1-\frac{1}{2}+\frac{1}{3}-\frac{1}{4}+\frac{1}{5}-\cdots$$

である．ここで正項の和は

$$1 + \frac{1}{3} + \frac{1}{5} + \frac{1}{7} + \cdots + \frac{1}{2n+1}$$
$$> \left(1 + \frac{1}{2} + \frac{1}{3} + \cdots + \frac{1}{2n+1}\right) \times \frac{1}{2} \longrightarrow +\infty \qquad (n \to \infty)$$

により発散し，また負項の和も

$$-\frac{1}{2} - \frac{1}{4} - \frac{1}{6} - \cdots - \frac{1}{2n} = -\frac{1}{2}\left(1 + \cdots + \frac{1}{n}\right) \longrightarrow -\infty$$

により発散している．したがってこの級数は絶対収束しない．

　しかしこの級数は収束し

$$1 - \frac{1}{2} + \frac{1}{3} - \frac{1}{4} + \frac{1}{5} - \frac{1}{6} + \cdots = \log 2$$

となることが知られている．ところが，項の順序を少し変えて，正の項を2つとって次に負の項を1つはさむようにして足していくと，級数の和は変わって

$$1 + \frac{1}{3} - \frac{1}{2} + \frac{1}{5} + \frac{1}{7} - \frac{1}{4} + \cdots = \frac{3}{2} \log 2$$

となる．一般に正の項を $p$ 個とり，次に負の項を $q$ 個とるというように項の順番をとりかえてみると，このとき級数の和は

$$\log 2 + \frac{1}{2} \log \frac{p}{q}$$

となることが知られている（高木貞治『解析概論』岩波書店，153頁）．

　ディリクレが示したように，実は条件収束する級数では，項の順序をとりかえることにより，どんな値にでも収束させることができる．たとえば上の級数でも，項の順序を適当に変えるだけで，その和を $\pi$ にすることもできるし，また勝手にとった 635.82 のような値にすることもできるのである．また $+\infty$ に発散させることもできるし，$-\infty$ に発散させることもできる．いわば条件収束する級数では，項の順序をとりかえることにより，その和は千変万化するのである！

　すぐ上に引用した『解析概論』の中では，この事情が次のように

述べられている．"Riemann（リーマン）がいったように，"絶対に収束する級数にのみ有限数の和の法則が適用されて，それのみが項の総計と見なし得るものである．"収束性を度外において，無限級数を有限級数のように放漫に取扱って，しばしば不可解の矛盾に逢着したことは，18世紀数学の苦い経験であったのである．"

### 先生との対話

明子さんがまず
「不思議だわ．」
と小声でつぶやいて，それから少し間をおいて質問した．
「いま聞いたお話では，

$$1-\frac{1}{2}+\frac{1}{3}-\frac{1}{4}+\frac{1}{5}-\cdots \tag{4}$$

という級数は，項の順序を適当にとりかえて新しい級数をつくるとどんな値にも近づけるようにできるということでしたが，それでは具体的に円周率 $\pi$ に近づくようにするにはどうしたらよいのかしら．」
「それは次のようにするとよいのです．」
といって，先生は小さなメモ用紙を見，電卓を使って 2, 3 分計算されてメモに何か書き加えられてからゆっくりと話し出された．
「級数(4)の中で正項だけをとった

$$1+\frac{1}{3}+\frac{1}{5}+\cdots+\frac{1}{2n+1}+\cdots$$

は発散していますから，$n$ を大きくとると

$$1+\frac{1}{3}+\frac{1}{5}+\cdots+\frac{1}{2n+1}$$

はいつかは $\pi$ の値を越えます．といっても，この和は $n$ が大きくなるとき，気の遠くなるほどゆっくりとしたスピードでしか大きくなっていきませんから，$n$ の値をかなり大きくとらないと $\pi=3.14159\cdots$ を越えないのですが．」

「$\frac{1}{11}$ ぐらいまで足せばよいのかな．」

「いや，きっともっと大きい数よ．$\frac{1}{51}$ とか $\frac{1}{55}$ とかその辺りまで足さなければ駄目だと思うわ．」

先生はメモ用紙を見て，黒板に次のように書かれた．

$$1+\frac{1}{3}+\frac{1}{5}+\cdots+\frac{1}{149}=3.14051\cdots$$

$$1+\frac{1}{3}+\frac{1}{5}+\cdots+\frac{1}{149}+\frac{1}{151}=3.14713\cdots$$

「これを見ると，皆の予想よりももう少し先の方までとらないと $\pi$ を越えないことがわかります．そこで次に級数(4)の最初の負項 $-\frac{1}{2}$ をとって

$$1+\frac{1}{3}+\frac{1}{5}+\cdots+\frac{1}{151}-\frac{1}{2}$$

を考えると，この値は $2.64713\cdots$ となって $\pi$ より小さくなります．

次に $\frac{1}{153}$ からはじめて順次正項を加えていくと，ある奇数 $2n_1+1$ があってそこではじめて $\pi$ の値を越えます．すなわち

$$1+\frac{1}{3}+\frac{1}{5}+\cdots+\frac{1}{151}-\frac{1}{2}+\frac{1}{153}+\cdots+\frac{1}{2n_1+1}>\pi$$

(注意：$\frac{1}{153}+\frac{1}{155}+\cdots+\frac{1}{2n+1}+\cdots=+\infty$！) $\pi$ を越したら(4)の負項を前から順に加えて，$\pi$ より小さい値とします．いまの場合 $-\frac{1}{4}$ を加えれば十分です．

$$1+\frac{1}{3}+\cdots+\frac{1}{151}-\frac{1}{2}+\frac{1}{153}+\cdots+\frac{1}{2n_1+1}-\frac{1}{4}<\pi$$

そこでまた正項だけをとってどんどん加えていき，$\pi$ を越すまでこの操作を続けます．$\frac{1}{2n_2+1}$ まで加えてはじめて $\pi$ を越したとします：

$$1+\frac{1}{3}+\cdots+\frac{1}{151}-\frac{1}{2}+\frac{1}{153}+\cdots$$

$$+\frac{1}{2n_1+1}-\frac{1}{4}+\frac{1}{2n_1+3}+\cdots+\frac{1}{2n_2+1}>\pi$$

そうしたら，次に残っている負項の最初の $-\frac{1}{6}$ を加えるだけで $\pi$

より小さくなります．

　このように，級数(4)の項の順序をとりかえて$\pi$に近づけるには，$\pi$を越すまでまず正項を加え，次に$\pi$より小さくなるまで負項を加え（いまの場合1つずつとって$-\frac{1}{2}, -\frac{1}{4}, -\frac{1}{6}$と順にとるだけで済みました），$\pi$より小さくなれば次にまた正項を加え$\pi$を越すようにします．$\pi$を越した途端，残った負項を加えて$\pi$より小さい値とするのです．いってみれば，$\pi$を中心にして，振子が揺れるようにするのです．正の方向に振子を動かすためには正項を加えていきます．$\pi$を越えたら負項を加えて，負の方向に振子を動かします．これを繰り返していくと，しだいに振子の振幅は小さくなっていくでしょう．実際いまの場合では，振子の振幅は$\pi$を中心にしてみれば

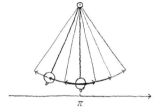

$$\frac{1}{151}, \ \frac{1}{2}, \ \frac{1}{2n_1+1}, \ \frac{1}{4}, \ \frac{1}{2n_2+1}, \ \frac{1}{6}, \ \cdots$$
（右）（左）（右）（左）（右）（左）

としだいに小さくなっていきます．

　したがってこのように(4)の項の順序をとりかえていけば，究極的には，この級数は$\pi$へと限りなく近づいていくことになります．」

　山田君がじっと先生のいわれたことを考えていたようだったが
「そうすると，同じような考えで

$$1 - \frac{1}{2} + \frac{1}{2^2} - \frac{1}{2^3} + \frac{1}{2^4} - \frac{1}{2^5} + \frac{1}{2^6} - \cdots$$

も，項の順序をとりかえると$\pi$に近づけることができるような気がしますが．」
と質問した．

　「それはできないのです．いまの証明では正項，負項がそれぞれ，$+\infty, -\infty$へと発散することがキーポイントでした．山田君の級数では正項をいくら加えても

$$1 + \frac{1}{2^2} + \frac{1}{2^4} + \cdots + \frac{1}{2^{2n}} < \frac{4}{3}$$

で，$\pi$ を越すことはできません．振子は決して $\pi$ に達しないのです．実際，山田君の級数は絶対収束する級数です．したがってこの級数からどんなに項の順序をとりかえて新しい級数をつくってみても，和はつねに正項の和 $\frac{4}{3}$ から負項の和 $\frac{2}{3}$ を引いた $\frac{2}{3}$ となっています．

　どんな大きな正の値を1つとっておいても，条件収束する級数では，正の項をどんどん加えていくことにより，その値を越すことができます．それから負項の和をとってその値より小さくし，次に正項の和をとってその値を越すということを繰り返すことにより，最終的には最初にとった値にどこまでも近づけることができます．はじめに負の値をとって，その値に近づけようとするときは，最初に負の項を足していくことになります．

　条件収束する級数とは，"無限"から吹いてくる風で最初は大きなゆらぎ，それからしだいに微妙なゆらぎへと移って，その動きを無限に繰り返しながら，最終的には1つの場所へと静止していく振子のようなものなのです．そのときどきの風の吹き方でいろいろな場所に静止していくことができるのです．」

　小林君が手を上げて質問した．

　「収束する級数は，絶対収束するか，そうでなかったら条件収束しているといってよいのですか．」

　「そうです．収束する級数が絶対収束していなければそれは条件収束しているのです．それは次のように考えるとわかります．いま級数 $\sum_{n=1}^{\infty} a_n$ は収束はして，しかも絶対収束はしていないとします．このとき $\sum a_n$ を正項からなる部分級数 $\sum b_n$ と，負項からなる部分級数 $-\sum c_n$ とに分けます．絶対収束していないと仮定したのですから，少なくとも $\sum b_n = +\infty$ か，$\sum c_n = +\infty$ のいずれかの一方は成り立っています．いま $\sum b_n = +\infty$ が成り立っているとしましょう．このとき $\sum_{n=1}^{\infty} c_n = +\infty$ となっていれば，条件収束しているということになります．

　いま，かりに $\sum_{n=1}^{\infty} c_n$ は収束して，$\sum_{n=1}^{\infty} c_n = \gamma$ であったとしてみましょう．そのとき数列 $\{a_n\}$ の $N$ 項までの和を

$$\sum_{n=1}^{N} a_n = \sum'b_n - \sum'c_n$$

と表わしてみます．ここで右辺の $\sum'$ は，$a_n$（$=1,2,\cdots,N$）を正，負の別にわけて加えたことを意味しています．そうすると

$$0 \leqq \sum'c_n < \gamma$$

により

$$\sum'b_n - \sum'c_n > \sum'b_n - \gamma$$

一方，$\sum_{n=1}^{\infty} b_n = +\infty$ ですから，上式で $N\to\infty$ とすると $\sum_{n=1}^{\infty} a_n = +\infty$ となってしまい，これは $\sum a_n$ が収束する級数であるという最初の仮定に反することになります．

結局，収束する級数が絶対収束しないときには，正項の和：$\sum b_n = +\infty$，負項の和：$-\sum c_n = -\infty$ となり，条件収束している状況となっているのです．」

## 問　題

[1] 次の級数の和を求めなさい．

$$1 - \frac{1}{2} + \frac{1}{3} - \frac{1}{2^2} + \frac{1}{3^2} - \frac{1}{2^3} + \frac{1}{3^3} - \cdots$$

[2] 次の級数は発散するでしょうか，収束するでしょうか．

$$1 - \frac{1}{2} + \frac{1}{3} - \frac{1}{2^2} + \frac{1}{5} + \cdots - \frac{1}{2^n} + \frac{1}{2n+1} - \cdots$$

[3] 級数 $\sum_{n=1}^{\infty} a_n$ は，3つずつ絶対値でまとめた級数

$$|a_1+a_2+a_3| + |a_4+a_5+a_6| + \cdots$$

が収束すれば，収束するといえるでしょうか．

[4] 条件収束する級数は，項の順序を適当にとりかえると，$+\infty$ に発散するようにできることを示しなさい．

## お茶の時間

**質問** 今日の級数のお話は，ぼくなりにまとめてみると次のようになりました．

級数 ｛ 収束する ｛ 絶対収束する：項の順序をとりかえてよい<br>条件収束する：項の順序を適当にとりかえるとどんな値にも収束させることができる ｝<br>発散する ｝

収束する級数が，対照的な性質をもつ絶対収束と条件収束との2つにふるい分けられたことが印象的でした．ところで，たとえば条件収束する級数

$$1-\frac{1}{2}+\frac{1}{3}-\frac{1}{4}+\frac{1}{5}-\frac{1}{6}+\cdots$$

で，この項の順序を適当に並べかえると，どんな実数にも収束するわけですが，項の順序の並べかえの仕方よりも実数の方がずっと多い気がします．そのところが，どうもぼくの感じでは捉えきれません．

**答** 君の感じを十分納得させるような説明をすることはなかなか難しいようである．しかし少し説明を試みてみよう．まず有限個の場合でも，一列に並んだものの順列をとりかえる仕方の数は予想よりはるかに多いのである．たとえば，わずか10人の人の並べかえの仕方でも，10の階乗，すなわち

$$10! = 1\cdot 2\cdot 3\cdots\cdot 10 = 3628800$$

通りある．50人の人の並べかえの仕方の数は下のような驚くべき数となる．

$50! = 30414093201713378043612608166064768844377641568960512000000000000$

ついでだが，コンピューターを使って打ち出した100!も書いておこう！

100! = 93326215443944152681699238856266700490715968264381621
4685929638952175999932299156089414639761565182862536979208272237582511852109168640000000000000000000000000

　だから，級数のような無限の項をもつものの，項の並べ方のかえ方は，"無限の世界" の中でものすごく大きなものとなっていることが予想される．実際，条件収束のときには，そうすることにより，すべての実数を表わすことができる．そうはいっても，これだけではやはり曖昧な感じは残ってしまう．もう少し具体的な例で話してみよう．いま小数点を示す．を1つと，あとは0と1を並べた次のような無限の配置を考える．

$$.01010101010\cdots$$

この配置を勝手に並べかえたもの，たとえば

$$0011.01001011\cdots$$

を，2進数で表わした実数

$$11.01001011\cdots$$

であると読むことにしよう．そうすると，配置を適当にとりかえることにより，ほとんどすべての正の実数を表わすことができることがわかるだろう．ほとんどすべてと書いたのは，$0.1100\cdots0\cdots$ のようにあるところから0が並んでしまう実数や，$1001.00111\cdots11\cdots$ のこうにある所から1が並んでしまう実数だけが，この並べかえの中から除外されてしまうからである．このことをみても，条件収束する級数では，項の順序をとりかえるだけで，すべての実数がその級数の和として表わされるということは，決して不思議なことではないのである．項の順序をとりかえるという一見当り前そうなことは，実は恐るべき多くの可能性を内蔵しているのである．こういうところにも無限の神秘性が顔をのぞかせている．

金曜日

## ベキ級数

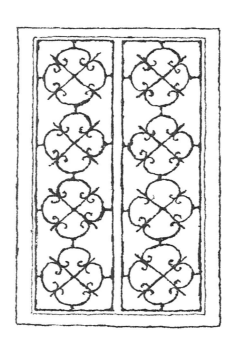

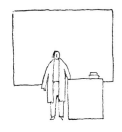

## 先生の話

　昨日は,絶対収束する級数と条件収束する級数との対比をお話ししているうちに,ついいつもよりたくさんお話ししてしまいました.
　実数の連続性は,数列の収束性と直接結びつきますが,ここに足し算という演算が加わって,級数の概念に到達すると,実数の連続性はひとまずずっと奥の方へ下がって,私たちは無限の織りなす調べを直接聞くような感じを強くもつようになります.絶対収束と条件収束という収束性に関する2つの選り分けは,確かに無限の奏でる異なる階調に,じっと耳を澄ますことによって得られたものでした.
　それでは,足し算にさらにかけ算まで,級数の考えの中に加えていくとしたら,数学の風景はどのような深まりを見せてくるでしょうか.
　数学では,足し算(と引き算)とかけ算がともに働き合う舞台では,整式が主役を演じます.整式とは

$$1+2x \quad とか \quad 6-3x+x^3$$

のような形の式をいいます.この式の $x$ に5を代入して足し算とかけ算を用いて計算してみれば,最初の式の値は11となりますし,あとの式の値は $6-3\times 5+5^3=116$ となります. $x$ に1つの数値を代入すると,それによって式の値が1つ決まります.
　$1+2x$ は1次式であり,$6-3x+x^3$ は3次式ですが,私たちは一般に $n$ 次式

$$a_0+a_1x+a_2x^2+\cdots+a_nx^n$$

を考えることができます.$n$ 次式は足し算とかけ算を基本として組み立てられています.$a_0, a_1, \cdots, a_n$ は決まった実数を表わしていますが,$x$ はいろいろな実数をここに代入してもよいことを指示している文字です.
　さて,昨日の話のつづきとして,この $n$ 次式をじっと見ていると,この右の方に例の記号 $\cdots$ をつけて,級数

$$a_0+a_1x+a_2x^2+\cdots+a_nx^n+\cdots$$

を考えるとどうなるだろうかと自然に思われてきます．そこで一番簡単な場合として，$a_0, a_1, \cdots, a_n, \cdots$ がすべて1に等しいとき，すなわち

$$1+x+x^2+\cdots+x^n+\cdots \tag{1}$$

のとき，どんな状況が起きるのか少し考えてみることにしましょう．この級数は1を初項とし $x$ を公比とする等比級数の形をしています．したがって $x$ に $-1$ と $1$ の間にある値を代入すると，この級数は収束して

$$\frac{1}{1-x}$$

となります．たとえば $x=-\frac{1}{2}$ とすると

$$1-\frac{1}{2}+\frac{1}{4}-\cdots+(-1)^n\frac{1}{2^n}+\cdots=\frac{1}{1-\left(-\frac{1}{2}\right)}=\frac{2}{3}$$

となります．

　整式のときと本質的に違う事情は，$x$ がこの範囲にないとき，すなわち $|x|\geqq 1$ のとき，級数(1)は発散して決まった値を表わしていないことです．ですからこのことは

$$1+x+x^2+\cdots+x^n+\cdots=\begin{cases}\dfrac{1}{1-x} & -1<x<1 \text{ のとき}\\ \text{発散} & \text{それ以外のとき}\end{cases}$$

のように書くことになるでしょう．文字 $x$ に勝手に数値を代入することができなくなって，$x$ の動く範囲が制約されてくるのです．

　ここでさらに注目しなくてはならない点は，形式的には整式の延長上にある形をとって生まれてきた級数(1)が，たとえ $-1<x<1$ の間であるにせよ，"整式の世界"を飛び出して，分数式 $\dfrac{1}{1-x}$ を表わしていることです．級数概念は，"整式の世界"という硬い殻を打ち破って新しいもっと自由な広い世界へと私たちを導いていくのです．そしてこの新しい世界を示していくことが私たちのこれからの話の主題となります．

## ベキ級数

まず定義を与えることにしよう．

> **定義** 変数 $x$ によって
> $$\sum_{n=0}^{\infty} a_n x^n = a_0 + a_1 x + a_2 x^2 + \cdots + a_n x^n + \cdots \qquad (2)$$
> と表わされる級数を，$x$ の**ベキ級数**という．

ここで整式のときには"文字"$x$といっていたものが，"変数"$x$という言葉に変わっていることに読者は気づかれただろう．整式のときには，上にも述べたように，$x$にある数値を代入して式の値を計算するという考えが最初にあった．しかし，関数概念が登場してくるようになると，最初に1次式，2次式で"文字"$x$は"変数"$x$として自由に動くという考えがとられるようになって，1次関数 $y = a_0 + a_1 x$，2次関数 $y = a_0 + a_1 x + a_2 x^2$ の概念が形成されてくるようになった．それと同時に，"変数"$x$は数直線上を自由にどこでも動ける動点という描像を克ちとることになったのである．私たちの(2)を主題とするこれからの話でも，(2)の中の$x$が数直線上を動くという考えに立つことになる．そのため，$x$を変数といっておいた方がよいのである．

級数概念自身が，無限の中で，実数の連続性と結びついて得られた深い内容をもつ概念であるのに，ベキ級数はその中にさらに変数概念を加えたのである．数学の色合いがしだいに濃くなっていく．

## ベキ級数の例

ベキ級数(2)において，$a_0, a_1, a_2, \cdots, a_n, \cdots$ をベキ級数の**係数**という．もう少し詳しくいえば，$a_0$ は定数項，$a_1$ は $x$ の係数，一般に $a_n$ は $x^n$ の係数である．$a_0, a_1, \cdots, a_n, \cdots$ を1つ決めれば，ベキ級数が1つ決まる．たとえば

$$a_0 = 0, \ a_1 = 1, \ a_2 = 2^2, \ a_3 = 3^2, \cdots, a_n = n^2, \cdots$$

とすれば，ベキ級数

$$x + 2^2 x^2 + 3^2 x^3 + \cdots + n^2 x^n + \cdots$$

が決まる．

係数 $a_0, a_1, \cdots, a_n, \cdots$ を勝手に決めるたびにベキ級数が1つ決まるのだから，ベキ級数の具体的な例を1つ取り出して話してみようといっても，浜辺から砂粒を拾うようなものである．ここではあとの話で参照するような4つのベキ級数の収束，発散の状況を述べておこう．

(I) $\quad 1 + x + 2! x^2 + 3! x^3 + \cdots + n! x^n + \cdots$

このベキ級数は，$x=0$ のときは2項目以下がすべて0となり，したがって収束して値は1となる．しかし $x \neq 0$ のときは発散している．たとえば $x = \dfrac{1}{5}$ で発散していることは次のようにしてわかる．$x = \dfrac{1}{5}$ のときの上のベキ級数の $n$ 項目は

$$n! \left(\frac{1}{5}\right)^n$$

となるから，$n > 10$ ならば

$$n! \left(\frac{1}{5}\right)^n = \frac{1}{5} \cdot \frac{2}{5} \cdot \cdots \cdot \frac{10}{5} \cdot \frac{11}{5} \cdot \cdots \cdot \frac{n}{5}$$
$$> \frac{1}{5} \cdot \frac{2}{5} \cdot \cdots \cdot \frac{10}{5} \cdot 2^{n-10} \longrightarrow \infty \quad (n \to \infty)$$

となる．したがってこのとき級数は発散している．（ベキ級数が $x$ で収束していれば $n \to \infty$ のとき $|a_n x^n| \to 0$ である！）

(II) $\quad 1 + \dfrac{1}{1!} x + \dfrac{1}{2!} x^2 + \dfrac{1}{3!} x^3 + \cdots + \dfrac{1}{n!} x^n + \cdots$

このベキ級数は，どんな $x$ をとってきても収束している．たとえば $x = -5$ のとき収束していることをみてみよう．$n > 10$ のとき，このベキ級数の $n$ 項目の絶対値は

$$\left| \frac{1}{n!} (-5)^n \right| < \frac{5}{1} \cdot \frac{5}{2} \cdot \cdots \cdot \frac{5}{10} \cdot \left(\frac{1}{2}\right)^{n-10} = \frac{2^{10} 5^{10}}{10!} \left(\frac{1}{2}\right)^n$$

となる．したがって 10 項目以上の絶対値は，公比が $\frac{1}{2}$ の等比級数で押さえられるから，この級数は絶対収束する（水曜日，比較定理参照）．

（Ⅲ） $1 + x + 2x^2 + 3x^3 + \cdots + nx^n + \cdots$

このベキ級数は，$x = 1, x = -1$ で発散していることはすぐにわかるが，実はそこが，ある意味で収束，発散の境界点となっていて

$|x| < 1$ のとき 収束

$|x| \geqq 1$ のとき 発散

となっている．（この証明はすぐあとで述べる．）

（Ⅳ） $1 + x + \frac{1}{2}x^2 + \frac{1}{3}x^3 + \cdots + \frac{1}{n}x^n + \cdots$

このベキ級数も（Ⅲ）と同じように $x = 1, x = -1$ が収束，発散の境界点となっているが，少し違う点は $x = 1$ では発散し，$x = -1$ では収束していることである．すなわち

$-1 \leqq x < 1$ のとき 収束

$x < -1, \ 1 \leqq x$ のとき 発散

実際 $x = -1$ のときには，前にも述べたようにこのベキ級数は収束し，その値は $1 - \log 2$ である．

（Ⅰ），（Ⅱ），（Ⅲ），（Ⅳ）を見ると，それぞれの収束する範囲が違っている．（Ⅰ）は係数 $1, 1!, 2!, \cdots, n!, \cdots$ があまり速く大きくなるので，$x^n$ をかけても，この大きくなるスピードを律しきれなくて，級数の各項はどこまでも大きくなり，$0$ 以外の $x$ では発散するという状況になっている．（Ⅱ）は逆に，係数 $1, \frac{1}{1!}, \frac{1}{2!}, \cdots, \frac{1}{n!}, \cdots$ が急速に $0$ に近づくので，どんな大きな $x$ をとって $x^n$ をかけても，十分先からの和はいくらでも小さくなって，収束を保証するということになっている．

（Ⅲ）の状況は，等比数列の収束する状況と似ている．（Ⅳ）の方は（Ⅲ）とは少し違って，境界点 $x = -1$ では条件収束という微妙な状況が生じてきて，$x = 1$ では発散するが，$x = -1$ では収束すること

になっている．

## ベキ級数の収束半径

　ベキ級数が与えられたとき，変数 $x$ にある数を代入すると，収束する級数となるか，発散する級数となるか，どちらか 1 つの場合が生ずる．しかし変数 $x$ のとり方によってどちらの場合が生ずるかは，上の（I）から（Ⅳ）までの例を見ても察せられるように，比較的簡単なルールで決められるのである．すなわち次の定理が成り立つ．

> **定理**　ベキ級数 $\sum_{n=0}^{\infty} a_n x^n$ が，$x = x_0$ で収束するならば，$|x| < |x_0|$ をみたすすべての $x$ で絶対収束する．

　［証明］ $x_0$ で収束するのだから，級数 $\sum_{n=0}^{\infty} a_n x_0^n$ の $n$ 項目 $a_n x_0^n$ は $n \to \infty$ のとき 0 に収束する．したがってある番号 $N$ があって

$$n \geq N \quad \text{ならば} \quad |a_n x_0^n| < 1$$

となる．

　$|x| < |x_0|$ となる $x$ を 1 つとり，

$$\theta = \frac{|x|}{|x_0|}$$

とおくと，$0 \leq \theta < 1$．また

$$|a_n x^n| = |a_n x_0^n| \left|\frac{x}{x_0}\right|^n = |a_n x_0^n| \theta^n$$

したがって

$$n \geq N \quad \text{ならば} \quad |a_n x^n| \leq \theta^n$$

となる．等比級数 $\sum_{n=0}^{\infty} \theta^n$ は $0 \leq \theta < 1$ により収束するから，比較定理（水曜日）によって，級数

$$\sum_{n=0}^{\infty} |a_n x^n|$$

も収束し，したがって級数 $\sum_{n=0}^{\infty} a_n x^n$ は絶対収束する．（証明終り）

この定理によって，ベキ級数の収束半径という考えを導入することができる．いまベキ級数

$$\sum_{n=0}^{\infty} a_n x^n \tag{3}$$

が与えられたとき，このベキ級数が収束するような $x$ 全体の集合を考え，それを $M$ としよう．そして

$$r = \sup M \tag{4}$$

とおく．

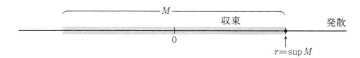

まず，ベキ級数が収束するのは $x$ が $0$ のときだけでそれ以外では発散するときと，すべての $x$ で収束するという両極端のときを考える．$0$ 以外では発散するときには $M=\{0\}$ であり，$r=0$ となる．またすべての $x$ で収束するときには $M=\boldsymbol{R}$（$\boldsymbol{R}$ は実数全体）となり，$M$ は上に有界ではないが，この場合 $r=+\infty$ とおくことにする．

それ以外のときは，(3)はある $x_0 (\neq 0)$ で収束し，ある $x_1$ では発散している．したがって定理から，$|x|<|x_0|$ をみたす $x$ ではすべて絶対収束し，$|x|>|x_1|$ をみたす $x$ ではすべて発散していることがわかる．この場合(4)の $r$ は必然的に正数となり，上限の定義から，数直線上 $r$ より少し左には必ず $M$ の点，すなわち収束する点 $x_0$ が存在し，$r$ の右はすべて発散する点からなる．このことから，この場合，ベキ級数(3)は

$$|x|<r \quad \text{で収束}$$
$$|x|>r \quad \text{で発散}$$

なお，前の定理から，もう少し正確に

$$|x|<r \quad \text{で絶対収束}$$

することがわかる．

前の例の(III),(IV)では $r=1$ となっているが，この例を見てもわかるように，$x=r, x=-r$ のときには，収束することもあるし，発散することもある．

> **定義** $r$ をベキ級数(3)の**収束半径**という．

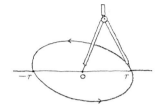

言葉づかいであるが，数直線上で"半径"という言葉は少しなじみにくいかもしれない．ここでは原点を中心にして，半径 $r$ の円をコンパスで書くと，この円によって数直線上で切りとられた直径上でベキ級数が収束しているというようなイメージで受けとっておくとよい．

## 収束半径の求め方

それではベキ級数が1つ与えられたとき，その収束半径 $r$ をどのように求めたらよいのだろうか．実はベキ級数 $\sum a_n x^n$ の収束半径 $r$ は，係数のつくる数列

$$a_0, a_1, a_2, \cdots, a_n, \cdots$$

の $n \to \infty$ とするときの究極的な様相の中で，はっきりと捉えることができる．しかしそれを述べるためには，火曜日，お茶の時間で述べた上極限という概念が必要になる．ここでは，コーシー・アダマールの定理とよばれている収束半径に関するその決定的な定理の形だけを述べて，証明の考え方は"先生との対話"の中で述べることにしよう．

> **定理** ベキ級数 $\sum_{n=0}^{\infty} a_n x^n$ の収束半径 $r$ は
> $$r = \frac{1}{\varlimsup \sqrt[n]{|a_n|}}$$
> で与えられる．

ここで，右辺の分母が0となるときは $r=+\infty$ とおき，また右辺の分母が $+\infty$ となるときは，すなわち数列 $\{\sqrt[n]{|a_n|}\}$ が上に有界でないときは，$r=0$ とおくことにする．

しかし，実際上はこの定理よりもう少し使いやすい形をしている次の定理で収束半径を求める場合が多い．

> **定理** ベキ級数 $\sum_{n=0}^{\infty} a_n x^n$ で，もし極限値
> $$\lim_{n\to\infty} \frac{|a_n|}{|a_{n+1}|} \tag{5}$$
> が存在するならば，この値が収束半径 $r$ と一致する．またこの極限が $+\infty$ のときは，収束半径は $+\infty$ となる．

[証明] 簡単のため，(5)の値が1の場合，すなわち

$$\lim_{n\to\infty} \frac{|a_n|}{|a_{n+1}|} = 1$$

の場合だけを考えることにする．ほかの場合も同様の考えで証明することができる．

このとき示すべきことは

$|x_0|<1$　ならば　$\sum a_n x_0^n$ は収束し

$|x_1|>1$　ならば　$\sum a_n x_1^n$ は発散する

ということである．もしこれがいえれば，$\sum a_n x^n$ の収束半径は $\lim \left|\frac{a_n}{a_{n+1}}\right|=1$ に等しいということがいえたことになる．もちろん $x_0 \neq 0$ としておいてよい．

さて，$0<|x_0|<1$ で，一方 $\lim \left|\frac{a_n}{a_{n+1}}\right|=1$ だから，番号 $n$ を十分大きくとると $\left|\frac{a_n}{a_{n+1}}\right|$ は $|x_0|$ を越えて，もっとずっと1に近いところにある．このことを次のようにいい表わしておこう．

1より大きい数 $\lambda$ を $|x_0|<\lambda|x_0|<1$ のように1つとっておくと，ある番号 $N$ があって

$$n \geqq N \quad \text{ならば} \quad \left|\frac{a_n}{a_{n+1}}\right| > \lambda |x_0|$$

すなわち

$$n \geqq N \quad \text{ならば} \quad \left|\frac{a_{n+1}}{a_n}\right| < \frac{1}{\lambda}\frac{1}{|x_0|}$$

そうすると

```
           ┌─|a_n/a_{n+1}|─┐
───┬────┬──────┬─────────
  |x₀|  λ|x₀|   1
        (λ>1)  (n≧N のとき)
```

$n \geq N$ ならば $|a_n| = \left| a_N \cdot \dfrac{a_{N+1}}{a_N} \cdot \dfrac{a_{N+2}}{a_{N+1}} \cdots \dfrac{a_{n-1}}{a_{n-2}} \dfrac{a_n}{a_{n-1}} \right|$

$$< |a_N| \left( \dfrac{1}{\lambda |x_0|} \right)^{n-N}$$

となり，したがって

$n \geq N$ ならば $|a_n x_0{}^n| < |a_N| \left( \dfrac{1}{\lambda |x_0|} \right)^{n-N} |x_0|^n$

$$= |a_N| |\lambda x_0|^N \left( \dfrac{1}{\lambda} \right)^n$$

ここで $A = |a_N| |\lambda x_0|^N$ とおくと，$A$ は定数で

$n \geq N$ ならば $|a_n x_0{}^n| < A \left( \dfrac{1}{\lambda} \right)^n$ $\quad (\lambda > 1)$

このことは，$N$ 番目以上から先の $a_n x^n$ は，公比が 1 より小さい等比数列で押えられていることを示している．$\sum A \left( \dfrac{1}{\lambda} \right)^n$ は収束するから，したがって比較定理(51 頁)により $\sum a_n x_0{}^n$ は絶対収束する．

次に $|x_1| > 1$ となる $x_1$ を 1 つとる．このとき

$$1 < \mu |x_1| < |x_1|$$

をみたす $0 < \mu < 1$ をとると，これに対してある番号 $N$ があって

$n \geq N$ ならば $\left| \dfrac{a_n}{a_{n+1}} \right| < \mu |x_1|$

すなわち

$n \geq N$ ならば $\left| \dfrac{a_{n+1}}{a_n} \right| > \dfrac{1}{\mu} \dfrac{1}{|x_1|}$

このことから，上と同様の論法で $B = |a_N| |\mu x_1|^N$ とおくと

$n \geq N$ ならば $|a_n x_1{}^n| > B \left( \dfrac{1}{\mu} \right)^n$

となることがわかる．ここで $\dfrac{1}{\mu} > 1$ であり，したがって $n \to \infty$ の

とき，$B\left(\dfrac{1}{\mu}\right)^n \to \infty$ となり，したがってまた $|a_n x_1^n| \to \infty$ となって $\sum a_n x_1^n$ は発散することがわかる． （証明終り）

この定理を"ベキ級数の例"のときに登場したベキ級数（Ⅰ），（Ⅱ），（Ⅲ），（Ⅳ）に使ってみると，（Ⅰ）は
$$1 + x + 2!x^2 + \cdots + n!x^n + \cdots$$
だから
$$a_n = n!$$
したがって
$$\lim\left|\frac{a_n}{a_{n+1}}\right| = \lim \frac{n!}{(n+1)!} = \lim \frac{1}{n+1} = 0$$
により，収束半径は 0．

（Ⅱ）は
$$1 + x + \frac{1}{2!}x^2 + \cdots \frac{1}{n!}x^n + \cdots$$
だから
$$a_n = \frac{1}{n!}$$
したがって
$$\lim\left|\frac{a_n}{a_{n+1}}\right| = \lim(n+1) = +\infty$$
により，収束半径は $+\infty$．

（Ⅲ）は
$$1 + x + 2x^2 + \cdots + nx^n + \cdots$$
だから
$$a_n = n$$
したがって
$$\lim\left|\frac{a_n}{a_{n+1}}\right| = \lim \frac{n}{n+1} = 1$$
により，収束半径は 1．

（Ⅳ）は

$$1+x+\frac{1}{2}x^2+\cdots+\frac{1}{n}x^n+\cdots$$

だから

$$a_n = \frac{1}{n}$$

したがって

$$\lim\left|\frac{a_n}{a_{n+1}}\right| = \lim \frac{\frac{1}{n}}{\frac{1}{n+1}} = \lim\frac{n+1}{n} = 1$$

により，収束半径は 1．

## ベキ級数と関数

　ベキ級数 $\sum_{n=0}^{\infty} a_n x^n$ が収束する範囲を**収束域**ということにしよう．収束半径を $0 < r < +\infty$ とすると，収束域には，次の4つの場合がある．

$$(-r, r),\ [-r, r),\ (-r, r],\ [-r, r] \qquad (6)$$

たとえば，収束域が開区間 $(-r, r)$ となるのは，端点 $x=-r$, $x=r$ では，級数 $\sum a_n x^n$ が収束しないときである．いずれにせよ，この場合収束域は区間であって，この区間の中で変数 $x$ が動く限り，ベキ級数の値は確定している．したがって

$$f(x) = \sum_{n=0}^{\infty} a_n x^n \qquad (7)$$

とおくと，$f(x)$ は収束域上で定義された関数となる．

　また，収束半径 $r$ が $+\infty$ のときは，ベキ級数は，すべての実数 $x$ に対して定義された——数直線上で定義された——1つの関数を与えることになる．

　このようにして，ベキ級数は，収束域上で定義された関数を表わしているという見方が生じてきた．(7)で，$f(x)$ の $x=\tilde{x}$ における $f(x)$ の値を求めるには，もちろん級数 $\sum a_n \tilde{x}^n$ の値を求めればよいが，一般にはこの数値を具体的に求めることはできない．しかし順

次
$$a_0,\ a_0+a_1\tilde{x},\ a_0+a_1\tilde{x}+a_2\tilde{x}^2,\ \cdots,\ a_0+a_1\tilde{x}+\cdots+a_n\tilde{x}^n,\ \cdots$$
を計算していけば，$n$ を大きくするにつれ，しだいにこの値は $f(\tilde{x})$ のよい近似値を与えていくことになるだろう．

収束半径 $r$ が $0<r<+\infty$ のとき，収束域は(6)で示すように4つの場合があるが，ここで端点のあるものは端点を除くと，ただ1つの開区間
$$(-r, r)$$
が得られる．この開区間を**収束域の内部**ということにする．収束半径 $r$ が $r=+\infty$ のときは，数直線全体を収束域の内部という．

同じ収束半径をもつ2つのベキ級数 $\sum a_n x^n, \sum b_n x^n$ で定義された関数を $f(x), g(x)$ とする：
$$f(x) = \sum_{n=0}^{\infty} a_n x^n, \qquad g(x) = \sum_{n=0}^{\infty} b_n x^n$$

このとき，収束域の内部では，ベキ級数は絶対収束しているから，足し算，引き算は，項の順序をとりかえて，$x^n$ の倍数に注目して行なってもよい．すなわち，収束域の中では

$$f(x)+g(x) = \sum_{n=0}^{\infty}(a_n+b_n)x^n$$
$$f(x)-g(x) = \sum_{n=0}^{\infty}(a_n-b_n)x^n$$

と表わされる．

なお，積については，ふつうの整式を2つかけ合わすように，$x^n$ の係数をもとめて形式的に計算してよい．すなわち収束域の内部では

$$f(x)g(x) = \sum_{n=0}^{\infty}(a_0b_n+a_1b_{n-1}+a_2b_{n-2}+\cdots+a_nb_0)x^n$$

と表わされる(問題[3]参照)．

### 歴史の潮騒

　ベキ級数の概念は，整式のもつ代数的な性質を極限まで進めることにより，私たちに，整式のほかにもたくさんの関数を構成する道を示してくれることになった．それは"無限"が示した豊かな沃土のようなものであった．実際，あとで示すように指数関数 $e^x$ も，三角関数 $\sin x, \cos x, \tan x$ もベキ級数で表わされる関数となっている．

　歴史的には，整式の自然の延長概念として，ベキ級数を積極的に取り扱おうとしたのはニュートンである．しかしこの話はもう少しあとにしよう．

　級数やベキ級数は，18世紀の大数学者オイラーによって自在に扱われた．当時なお極限概念は確立していなかったから，オイラーの論法には厳密性を欠くということはあったが，オイラーの眼（彼は晩年は失明したが）は，無限の彼方で展開する演算の中で，ほとんどつねに正しい道を求め続けていた．最近1748年にラテン語で書かれたオイラーの有名な著作『Introductio in Analysin Infinitorum』(無限解析入門)のすぐれた英訳本が出版された．(Introduction to Analysis of the Infinite I, II；Springer, 1988.) この第1巻を見ると，級数，ベキ級数(さらに今まで述べる機会のなかった無限積)が，さながら数学の新しい季節を告げるたくさんの渡り鳥の群れのように，無限の空で自由に舞いはじめたという感じが伝わってくる．

　この書の中に現われるたくさんの級数の中で，特に目を引くのは，円周率 $\pi$ が級数を通して，整数と関係してくるさまざまな姿を示していることである．特に次の結果は有名である．

$$1+\frac{1}{2^2}+\frac{1}{3^2}+\cdots+\frac{1}{n^2}+\cdots=\frac{\pi^2}{6}$$

$$1+\frac{1}{2^4}+\frac{1}{3^4}+\cdots+\frac{1}{n^4}+\cdots=\frac{4}{5!}\frac{\pi^4}{3} \quad (5!=120)$$

$$1+\frac{1}{2^6}+\frac{1}{3^6}+\cdots+\frac{1}{n^6}+\cdots = \frac{16}{7!}\frac{\pi^6}{3} \quad (7!=5040)$$

$$1+\frac{1}{2^8}+\frac{1}{3^8}+\cdots+\frac{1}{n^8}+\cdots = \frac{2^6}{9!}\frac{3}{5}\pi^8$$

$$1+\frac{1}{2^{10}}+\frac{1}{3^{10}}+\cdots+\frac{1}{n^{10}}+\cdots = \frac{2^8}{11!}\frac{5}{3}\pi^{10}$$

オイラーはこのように $\sum_{n=0}^{\infty}\frac{1}{n^{2k}}$ を順次 $k=1,2,\cdots$ について求め，最後に

$$1+\frac{1}{2^{26}}+\frac{1}{3^{26}}+\cdots+\frac{1}{n^{26}}+\cdots = \frac{2^{24}}{27!}\frac{76977927}{1}\pi^{26}$$

まで求めている．

♣ なお，オイラーの級数に対する取扱いには，厳密性を欠くところもあり，オイラーの導いた結果に対しては，現在の立場からの検証が必要になる．手もとにあったオイラーの本を開いていると，次のような公式が眼に止まった．読者はこれを眺めて，オイラーの数学の風景とでもいうものの一端を味わっていただきたい．

$$\frac{\pi}{6\sqrt{3}} = \frac{1}{2}-\frac{1}{4}+\frac{1}{8}-\frac{1}{10}+\frac{1}{14}-\frac{1}{16}+\cdots$$

$$\frac{\pi}{2\sqrt{3}} = 1-\frac{1}{5}+\frac{1}{7}-\frac{1}{11}+\frac{1}{13}-\frac{1}{17}+\cdots \quad (分母は 3 で割れない奇数)$$

$$\frac{\pi}{2\sqrt{2}} = 1+\frac{1}{3}-\frac{1}{5}-\frac{1}{7}+\frac{1}{9}+\frac{1}{11}-\frac{1}{13}-\frac{1}{15}+\cdots$$

$$\frac{6}{\pi^2} = 1-\frac{1}{2^2}-\frac{1}{3^2}-\frac{1}{5^2}+\frac{1}{6^2}-\frac{1}{7^2}+\frac{1}{10^2}-\frac{1}{11^2}-\cdots$$

$$\frac{90}{\pi^4} = 1-\frac{1}{2^4}-\frac{1}{3^4}-\frac{1}{5^4}+\frac{1}{6^4}-\frac{1}{7^4}+\frac{1}{10^4}-\frac{1}{11^4}-\cdots$$

この最後の 2 式の右辺の符号と項は，$n=2,4$ の場合の

$$\left(1-\frac{1}{2^n}\right)\left(1-\frac{1}{3^n}\right)\left(1-\frac{1}{5^n}\right)\left(1-\frac{1}{7^n}\right)\cdots$$

の展開からでる．

$\pi$ を無限積を用いて表わす表示では，$\pi$ が素数分布と密接に関係していることを示す，次の深い不思議なオイラーの公式がある：

$$\frac{\pi}{3\sqrt{3}} = \frac{2}{3} \cdot \frac{5}{6} \cdot \frac{7}{6} \cdot \frac{11}{12} \cdot \frac{13}{12} \cdot \frac{17}{18} \cdot \frac{19}{18} \cdot \frac{23}{24} \cdot \frac{29}{30} \cdot \frac{31}{30} \cdots$$

この右辺の分子には，3以外のすべての素数が順に現われてくる．分母に現われる数は，最初の3以外はすべて6で割りきれる数で，分子と±1だけ違う数である．この式を用いて，試みに100までの素数を用いて右辺の近似値を求め，$\pi$の値を計算してみると約3.134となる．

この一見信じがたい公式は，正しい公式なのだが[*]，なぜここに，$\pi$とはまるで無関係と思える3以外のすべての素数が右辺の分子に現われてくるのか，それは誰もまだ探りあてたことのない数の深さと神秘を物語るものであり，またオイラーという無限の弦を弾くことにかけては不世出の名手の探り当てた音色でもある．

### 先生との対話

山田君がまず感想を述べた．

「ベキ級数の収束域の話を聞くまでは，ぼくはベキ級数の係数にいろいろ複雑な数，たとえば$-\sqrt{10056\pi^3}$とか，0.000000213など入り混じっていて，無規則に係数が並ぶようになると，有理数$x$では収束するが，無理数$x$では収束しないというような場合も起きるのではないかと漠然と思っていました．でもそうではなかったですね．なぜ，係数に現われる数の複雑さに関係しないで，収束域の内部の**どの$x$**でも収束するということがいえたのでしょう．」

先生は，山田君のいうように，ベキ級数の収束する値がばらばらに数直線上に散らばっているようなことが起きなくて本当によかったと一瞬考えてから，次のようにいわれた．

「山田君の問いに答えるには，前に述べた証明を見る以外にはないのですが，少し補足しておきましょう．ベキ級数$\sum a_n x^n$がある

---

[*] 黒川信重さんにお聞きしたところ，この公式はディリクレの類数公式の形で一般化されているそうである．類数公式で判別式$d$が$-3$の場合から，この公式を導くことができる．

$x$ で収束するか，発散するかは，たとえば最初の1億項までの係数 $a_n$ がどんな数であるかなどには少しも影響されません．収束するか，発散するかを決めるのは，$n\to\infty$ のときの $a_n$ の挙動なのです．一方，$x^n$ の方は，$n\to\infty$ のとき，$|x|<1$ ならば急速に小さくなりますし，$|x|>1$ ならば急速に大きくなります．$a_n x^n$ の絶対値を
$$(\sqrt[n]{|a_n|}|x|)^n$$
と書いてみましょう．そうすると $x$ を1つとめて考えたとき，1より大きい定数 $\alpha$ があって，どこまでいっても
$$\sqrt[n]{|a_n|}|x| > \alpha$$
となるような $n$ が存在したとすれば，このような $x$ では収束しないことがわかるでしょう．

　一方，別の $\tilde{x}$ をとったとき，適当な $0<\beta<1$ をみたす $\beta$ をとると，ある番号から先のすべての $n$ が
$$\sqrt[n]{|a_n|}|\tilde{x}| < \beta$$
となっていれば，$\sum \beta^n$ は収束しますから，ベキ級数
$$\sum (\sqrt[n]{|a_n|}|\tilde{x}|)^n$$
も，$\sum \beta^n$ で押えられて，したがって $\sum a_n \tilde{x}^n$ が絶対収束することがわかります．ですから $n\to\infty$ のときの $a_n$ の挙動が，収束，発散に関係するといっても，結局は，$x$ を1つとめたとき
$$\sqrt[n]{|a_n|}|x|$$
が，あるところから1以下になるか，どこまで行っても1以上のものが出てくるかの，$|a_n|$ と $|x|$ の均衡状態にだけよってくるのです．そしてこのことを書き直してみると，証明を述べなかったコーシー・アダマールの定理，"ベキ級数の収束半径 $r$ は
$$r = \frac{1}{\overline{\lim} \sqrt[n]{|a_n|}}$$
で与えられる"の証明の内容になっているのです．」

　明子さんが

　「いまの先生のお話で，どうして $\sqrt[n]{|a_n|}$ のような数が収束半径に関係するのか，大体の感じはわかったような気がしてきました．でも，収束域の端点で収束したり発散したりする状況が，ベキ級数に

よって違っているのはどう考えたらよいのでしょう.」
と質問した.

「収束域の端点で,収束するか,発散するかというその状況には,こんどは山田君の質問にもあった $n\to\infty$ のときの係数 $a_n$ の個別的な複雑な状況が関係しているといってよいのでしょう.」

かず子さんがあることを思い出したような顔で質問した.

「ベキ級数といっても,結局は級数の,したがってまた例の記号 $\cdots$ に深く関係していると思うのですが,無限小数展開では,たとえば

$$0.56999\cdots9\cdots = 0.57$$

のように無限小数が有限小数で表わされることがありました.それで次のことがどうなのかお聞きしたくなりました.ベキ級数

$$a_0+a_1x+a_2x^2+\cdots+a_nx^n+\cdots$$

で,どこまでいっても $0$ でない $a_n$ が現われるのに,それでもこれが,ある整式

$$A_0+A_1x+A_2x^2+\cdots+A_Nx^N$$

に等しくなるなどということはあるのでしょうか.」

先生は有限小数と無限小数との対比から,このような質問がでたことにびっくりされたような顔をされた.そして少し考えてから次のように答えられた.

「これは面白い問題ですね.実際等比数列のときには $|x|<1$ のとき

$$1+x+x^2+\cdots+x^n+\cdots = \frac{1}{1-x}$$

と,ベキ級数でも簡単な分数式で表わされています.分数式でなくて,整式でもよいような場合があるのかもしれませんね.予想としては"収束域の中では,ある条件をみたすベキ級数は整式として表わされる"というようなことがあってもよいような気がしてきます.

しかし,実際はこのようなことは決して成り立ちません.無限に続くベキ級数は,整式としては決して表わすことのできない新しい関数をつねに生産しているのです.そのことは明日土曜日の話の結

果としてわかります（土曜日，問題[1]）.」

## 問　題

[1] 次のベキ級数の収束半径を求めなさい．
 (1) $1^2 + 2^2 x + 3^2 x^2 + 4^2 x^3 + \cdots + (n+1)^2 x^n + \cdots$
 (2) $1 + 2x + 2^2 x^2 + 2^3 x^3 + \cdots + 2^n x^n + \cdots$

[2] $r$ を与えられた正数とするとき，収束半径がちょうど $r$ となるようなベキ級数の例をつくりなさい．

[3] 同じ収束半径 $r$ をもつ2つのベキ級数 $f(x) = \sum a_n x^n$, $g(x) = \sum b_n x^n$ に対し，ベキ級数

$$\sum_{n=0}^{\infty} (a_0 b_n + a_1 b_{n-1} + a_2 b_{n-2} + \cdots + a_n b_0) x^n$$

は，同じ収束半径をもち，収束域の内部では $f(x)g(x)$ を表わしていることを示しなさい．（ヒント：67頁に述べてある級数の積と，ベキ級数が収束域の内部で絶対収束することを用いる．）

### お茶の時間

**質問**　"歴史の潮騒"の中で書かれていた，オイラーの最初に求めた公式

$$1 + \frac{1}{2^2} + \frac{1}{3^2} + \cdots + \frac{1}{n^2} + \cdots = \frac{\pi^2}{6}$$

については，ぼくも以前どこかで見たことがあります．しかしこのときも，右辺に円周率 $\pi$ が出てくることに，大変驚いた記憶があります．オイラーはどんな考えで，この公式を導くことに成功したのですか．

**答**　$1 + \frac{1}{2^2} + \frac{1}{3^2} + \cdots + \frac{1}{n^2} + \cdots$ はどのような値になるかということについては，1735年にオイラーが最初にその答を見出すまで，17世紀から18世紀初頭の数学者を悩まし続けていた問題であった．

すでに 1673 年にオルデンブルクがライプニッツに手紙で質問したが，ライプニッツは答えられなかった．ジャック・ベルヌーイも 1689 年にはこの和を求めることはできないと認めている．なお，ジャック・ベルヌーイとジャン・ベルヌーイ兄弟[*]はこの問題にアタックしたが，似たような形の級数 $\sum \frac{1}{n(n+1)}$ と $\sum \frac{1}{n^2-1}$ の和を求めるに止まった．

このような歴史的な経過があったため，オイラーの結果は，発表されると直ちに当時の数学者の間に広がり，反響をよんだのである．オイラーの考えは次のようであった．

関数 $y=\sin x$ の零点（$\sin x=0$ となる $x$）は，$x=0, \pm n\pi$（$n=1, 2, \cdots$）である．したがって $\sin x$ は $x\prod_{n=1}^{\infty}(x-n\pi)(x+n\pi)$ と因数分解されそうに思える．しかしこのような無限積はもちろん発散して意味がない．また，$\sin x=0$ が虚解をもたないだろうかという危惧も残る．実際は

$$\sin x = x\prod_{n=1}^{\infty}\left(1-\frac{x^2}{n^2\pi^2}\right)$$

という形の公式が成り立つことが知られている（高木貞治『解析概論』岩波書店，235 頁）．この式から

$$\frac{\sin\sqrt{x}}{\sqrt{x}} = \prod_{n=1}^{\infty}\left(1-\frac{x}{n^2\pi^2}\right) \qquad (*)$$

となる．

一方，$\sin x$ のテイラー展開（これについてはあとで詳しく述べる）から

$$\frac{\sin\sqrt{x}}{\sqrt{x}} = 1-\frac{x}{3!}+\frac{x^2}{5!}-\frac{x^3}{7!}+\cdots \qquad (**)$$

が成り立つことがわかる．（*）の右辺を展開して $x$ の係数に注目すると

$$-\sum_{n=1}^{\infty}\frac{1}{n^2\pi^2}$$

---

[*] ベルヌーイ一族はスイスの数学者である．ジャックとジャン・ベルヌーイはドイツ名ではヤコブとヨハンである．

となっている．これを(∗∗)の $x$ の係数と等しいとおくことにより

$$\sum_{n=1}^{\infty} \frac{1}{n^2\pi^2} = \frac{1}{6}$$

すなわち

$$\sum_{n=1}^{\infty} \frac{1}{n^2} = \frac{\pi^2}{6}$$

が得られる．

土曜日

# ベキ級数の表わす関数

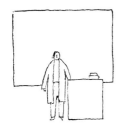

## 先生の話

　昨日はベキ級数のことを中心に話しました．ベキ級数は収束域で収束し，そこで１つの関数を表わしていることを学びました．ベキ級数は，整式の中にある２次式，３次式などの次数の概念を無限の果てまで広めていったものだとも考えられます．しかしそうすることによって，ベキ級数は，整式と違って代数的演算では決してうかがい知ることのできないような性質をもつ，たくさんの関数を生む契機を与えることになったのです．

　実際，ベキ級数 $\sum a_n x^n$ では係数 $a_n$（$n=1,2,\cdots$）としてはまったく任意の実数をとってもよいことになっています．もちろん $|a_n|$ が $n$ が大きくなるとき，あまり大きくなるとベキ級数は原点以外では収束しなくなります（収束半径０！）．しかしコーシー・アダマールの定理の示すところによると，ベキ級数の係数 $a_n$（$n=1,2,\cdots$）を，$\overline{\lim} \sqrt[n]{|a_n|} < +\infty$ が成り立つようにとっておきさえすれば，このベキ級数は原点を含むある区間で確かに収束し，そこで１つの関数を表わしています．このようにして，私たちはベキ級数を用いて未知の性質をもつたくさんの興味ある関数をつくり出していくことができるようになりました．考えてみると，私たちは関数といっても，今までは整式や，三角関数や，指数関数や対数関数などの特別な関数以外には，具体的に関数をつくる方法はあまり知らなかったのです．その状況は今は変わってきたのです．

　いずれにしても，数列，級数，ベキ級数としだいに主題を積み重ねて進んできた私たちの話の流れは，これからはベキ級数で表わされる関数へと移ります．

　関数といえば，皆さんは座標平面上に描かれたグラフを思い出すでしょう．ベキ級数 $\sum_{n=0}^{\infty} a_n x^n$ として収束域上で定義された関数 $y=f(x)$ のグラフの大体の形は次のようにして書くことができます．収束域の中に十分細かく点 $x_1, x_2, \cdots, x_l$ をとります．次に適当な番号 $N$ までとった部分和

$$y_1 = \sum_{n=0}^{N} a_n x_1{}^n, \quad y_2 = \sum_{n=0}^{N} a_n x_2{}^n, \quad \cdots, \quad y_l = \sum_{n=0}^{N} a_n x_l{}^n$$

を，電卓かコンピューターを使って計算し，座標平面に点 $(x_1, y_1)$, $(x_2, y_2), \cdots, (x_l, y_l)$ をとると，この点の配列がグラフの大体の形を示します．

もっとも最近は，整式のグラフならばすぐにコンピューターの画面に表示してくれるソフトも開発されてきました．それを使って，関数

$$f(x) = x - \frac{1}{2}x^2 + \frac{1}{3}x^3 - \frac{1}{4}x^4 + \cdots$$

のグラフがどんなになるかを，$-0.9 < x < 1$ の範囲で調べてみることにしました．

$$y = f_1(x) = x, \quad y = f_2(x) = x - \frac{1}{2}x^2, \quad \cdots,$$

$$y = f_5(x) = x - \frac{1}{2}x^2 + \frac{1}{3}x^3 - \frac{1}{4}x^4 + \frac{1}{5}x^5$$

のグラフを書かせると下のようになります．これらのグラフがしだ

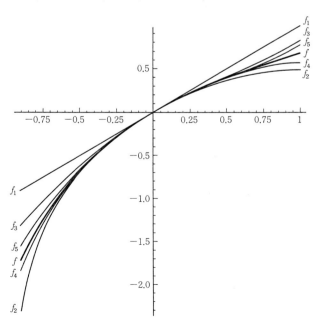

いに一定の曲線に近づいていくさまが察せられるでしょう．この曲線が $y=f(x)$ のグラフとなるはずです．実際はこのグラフは，$y=\log(1+x)$ のグラフです．

このようなグラフを通して，関数の変化する状況を詳しく調べるのは解析学の主題です．ベキ級数は，その形式は一見整式に似ていますが，無限概念を中に取り入れたことによって，解析学の舞台へと本格的に登場してくることになるのです．解析学の主要な方法は微分と積分です．私たちはまず，ベキ級数で表わされる関数は微分できる関数なのかどうか，また微分できるとしたら整式の微分のように簡単に微分することができるのかどうかを調べてみることにしましょう．

## $\sqrt[n]{n}$ の極限

すぐあとで使うために，極限の公式

$$\lim_{n\to\infty} \sqrt[n]{n} = 1 \quad (n \text{ は自然数})$$

の証明を与えておこう．

［証明］第1段階：まず

$$\left(1+\frac{1}{n}\right)^n < 3$$

を示す．

二項定理によって $\left(1+\frac{1}{n}\right)^n$ を展開して，その式を書き直すとよい．実際

$$\left(1+\frac{1}{n}\right)^n = 1+\frac{n}{1!}\frac{1}{n}+\frac{n(n-1)}{2!}\frac{1}{n^2}+\frac{n(n-1)(n-2)}{3!}\frac{1}{n^3}+\cdots+\frac{1}{n^n}$$

$$= 1+1+\frac{1-\frac{1}{n}}{2!}+\frac{\left(1-\frac{1}{n}\right)\left(1-\frac{2}{n}\right)}{3!}+\cdots+\frac{\left(1-\frac{1}{n}\right)\cdots\left(1-\frac{n-1}{n}\right)}{n!}$$

$$< 1+1+\frac{1}{2!}+\frac{1}{3!}+\cdots+\frac{1}{n!}$$

$$< 1+1+\frac{1}{2}+\frac{1}{2^2}+\cdots+\frac{1}{2^n} < 3$$

第2段階：$n \geqq 3$ のとき不等式
$$\sqrt[n]{n} > \sqrt[n+1]{n+1}$$
を示す．

証明すべき不等式の両辺を $n(n+1)$ 乗して
$$n^{n+1} > (n+1)^n$$
が $n \geqq 3$ で成り立つことを示すとよい．両辺を $n^n$ で割ってみると
$$n > \left(1 + \frac{1}{n}\right)^n$$
となるが，第1段階で示したように，この不等式は $n \geqq 3$ で確かに成り立つ．したがって $n \geqq 3$ のとき $\sqrt[n]{n} > \sqrt[n+1]{n+1}$ が成り立つ．

第3段階：したがって $n \geqq 3$ のとき数列 $\{\sqrt[n]{n}\}$ は単調減少であることがわかった．一方 $\sqrt[n]{n} \geqq 1$ だから
$$\lim_{n \to \infty} \sqrt[n]{n} = \alpha$$
は存在して $\alpha \geqq 1$ である．したがって両辺のルートをとって（ここでルートの連続性を使う）
$$\lim_{n \to \infty} \sqrt[2n]{n} = \sqrt{\alpha} \tag{1}$$
となる．一方
$$\begin{aligned}
\lim_{n \to \infty} \sqrt[2n]{n} &= \lim_{n \to \infty} \sqrt[2n]{2n} \frac{1}{\sqrt[2n]{2}} \\
&= \lim_{n \to \infty} \sqrt[2n]{2n} \lim_{n \to \infty} \frac{1}{\sqrt[2n]{2}} \\
&= \lim_{n \to \infty} \sqrt[2n]{2n} = \alpha \tag{2}
\end{aligned}$$
ここで $\lim_{n \to \infty} \sqrt[2n]{2} = 1$ を用いた（この証明は読者に任せよう）．(1)と(2)から，$\alpha = \sqrt{\alpha}$，$\alpha \geqq 1$ により，これから $\alpha = 1$ が得られ
$$\lim_{n \to \infty} \sqrt[n]{n} = 1$$
が証明された． （証明終り）

## ベキ級数の微分可能性

ベキ級数 $\sum_{n=0}^{\infty} a_n x^n$ の収束半径 $r$ は正（または $+\infty$）とする．このとき，ベキ級数の概念を解析学の舞台へと乗せる次の決定的ともいえる定理が成り立つ．

**定理** $f(x) = \sum_{n=0}^{\infty} a_n x^n$ は収束域の内部で微分可能な関数である．

導関数 $f'(x)$ は，$\sum_{n=0}^{\infty} a_n x^n$ を各項ごとに微分することにより，ベキ級数

$$f'(x) = \sum_{n=1}^{\infty} n a_n x^{n-1}$$

として表わされる．このベキ級数の収束半径は，$\sum_{n=0}^{\infty} a_n x^n$ の収束半径に等しい．

［証明］収束域の内部ではベキ級数は絶対収束しているから，$\dfrac{f(x+h)-f(x)}{h}$ を項の順序をとりかえて書いてみると

$$\begin{aligned}
\frac{f(x+h)-f(x)}{h} &= \frac{1}{h}\left\{\sum_{n=0}^{\infty} a_n(x+h)^n - \sum_{n=0}^{\infty} a_n x^n\right\} \\
&= \frac{1}{h}\left\{\sum_{n=0}^{\infty} a_n((x+h)^n - x^n)\right\} \\
&= \sum_{n=1}^{\infty} a_n\{(x+h)^{n-1} + (x+h)^{n-2}x + \cdots + x^{n-1}\}
\end{aligned}$$

(3)

となる．ここで公式

$$A^n - B^n = (A-B)(A^{n-1} + A^{n-2}B + A^{n-3}B^2 + \cdots + B^{n-1})$$

を用いている．

私たちはこれから，$x$ が収束域の内部にあるとき，**$x$ をとめて**，**$h \to 0$ とするとき**，(3)の式は収束して

$$\sum_{n=1}^{\infty} n a_n x^{n-1}$$

に近づくことを示すことにしよう．それがいえれば $f(x)$ は収束域

の内部で微分可能であって

$$f'(x) = \lim_{h \to 0} \frac{f(x+h)-f(x)}{h} = \sum_{n=1}^{\infty} na_n x^{n-1}$$

がいえたことになる．

$x$ はとめて考えているから，正数 $c$ を十分小さくとっておくと，開区間 $(x-c, x+c)$ は，完全に収束域の内部 $(-r, r)$ に含まれているとしてよい．完全に含まれていると書いたのは，$r$ より少し小さい正数 $r_1$ をとると

$$(x-c, x+c) \subset [-r_1, r_1] \subset (-r, r)$$

が成り立っているということである（図参照）．

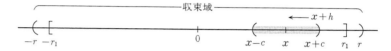

$h$ は $|h|<c$ の範囲にあって，$0$ に近づいていくとしてよい．すなわち $x+h$ は $(x-c, x+c)$ の中にあり，したがって

$$|x+h| < |x+c| < r_1$$

をみたしながら，$h \to 0$ であるとしてよい．またもちろん $|x|<r_1$ である．

(3)の級数の，各項の絶対値をとった級数を評価してみると

$$\sum_{n=1}^{\infty} |a_n|\{|x+h|^{n-1}+|x+h|^{n-2}|x|+\cdots+|x|^{n-1}\}$$
$$\leq \sum_{n=1}^{\infty} |a_n|(r_1^{n-1}+r_1^{n-1}+\cdots+r_1^{n-1}) = \sum_{n=1}^{\infty} |a_n| n r_1^{n-1}$$

となる．

ところがこの右辺に現われた級数は収束しているのである．それをみるためにこの級数をまず

$$\sum_{n=1}^{\infty} |a_n| n r_1^{n-1} = \frac{1}{r_1} \sum_{n=1}^{\infty} |a_n| (\sqrt[n]{n}\, r_1)^n \qquad (4)$$

と書き直してみる．$\lim_{n\to\infty} \sqrt[n]{n} = 1$ だから，$n$ を十分大きくとると $\sqrt[n]{n}$ はほぼ $1$ に等しくなり，したがって $\sqrt[n]{n}\, r_1$ は $r_1$ とほぼ等しくなる．したがって番号 $K$ を十分大きくとると，$n \geq K$ のとき $\sqrt[n]{n}\, r_1$

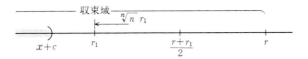

は，$r_1$ と $r$ の中点 $\dfrac{r+r_1}{2}$ より左側にあることになる：

$$\sqrt[n]{n}\,r_1 < \frac{r+r_1}{2}$$

そうすると

$$\frac{1}{r_1}\sum_{n=K}^{\infty}|a_n|(\sqrt[n]{n}\,r_1)^n \leqq \frac{1}{r_1}\sum_{n=K}^{\infty}|a_n|\left(\frac{r+r_1}{2}\right)^n$$

となり，$\dfrac{r+r_1}{2}$ は $\sum a_n x^n$ の収束域にあるから，右辺の級数は収束し，したがってまた左辺の正項級数も収束している．(4)から結局

$$\sum_{n=1}^{\infty} n|a_n|r_1^{n-1}$$

も収束していることがわかった．

そこでいま十分小さい正数 $\varepsilon$ が勝手に1つ与えられたとき，番号 $N$ を十分大きくとって

$$\sum_{n=N+1}^{\infty} n|a_n|r_1^{n-1} < \frac{\varepsilon}{3} \tag{5}$$

となるようにする．

一方，正数 $\delta$ を 0 に十分近くとって，$|h|<\delta$ ならば

$$\left|\sum_{n=1}^{N} a_n\{(x+h)^{n-1}+(x+h)^{n-2}x+\cdots+x^{n-1}\} - \sum_{n=1}^{N} na_n x^{n-1}\right| < \frac{\varepsilon}{3} \tag{6}$$

のようにする．このようなことが可能なのは，$x$ をとめて

$$\sum_{n=1}^{N} a_n\{(x+h)^{n-1}+(x+h)^{n-2}x+\cdots+x^{n-1}\}$$

を $h$ の関数とみたとき，これは $h$ の整式として連続関数であり，したがって $h\to 0$ のとき，上式で $h=0$ とおいた値，すなわち $\sum_{n=1}^{N} na_n x^{n-1}$ に近づくからである．

これで証明の準備が完了した．(3), (5), (6) により

$$\left|\frac{f(x+h)-f(x)}{h} - \sum_{n=1}^{\infty} na_n x^{n-1}\right|$$
$$\leq \left|\sum_{n=1}^{N} a_n\{(x+h)^{n-1}+(x+h)^{n-2}x+\cdots+x^{n-1}\} - \sum_{n=1}^{N} na_n x^{n-1}\right|$$
$$+ \sum_{n=N+1}^{\infty} |a_n|\{|x+h|^{n-1}+\cdots+|x|^{n-1}\} + \sum_{n=N+1}^{\infty} n|a_n||x|^{n-1}$$
$$< \frac{\varepsilon}{3} + \sum_{n=N+1}^{\infty} n|a_n|r_1^{n-1} + \sum_{n=N+1}^{\infty} n|a_n|r_1^{n-1}$$
$$< \frac{\varepsilon}{3} + \frac{\varepsilon}{3} + \frac{\varepsilon}{3} = \varepsilon$$

ここで $\varepsilon$ はどんな小さな正数にもとることができる．実際 (5) が成り立つように番号 $N$ を大きくとり，次にこの $N$ に対して (6) が成り立つように $h$ を 0 に近づけるとよい．このことは

$$\lim_{h\to 0} \frac{f(x+h)-f(x)}{h} = \sum_{n=1}^{\infty} na_n x^{n-1}$$

が成り立つことを示している．この証明が上のように長くなったのは，左辺に現われる $\lim_{h\to 0}$ と，右辺に現われる $\sum_{n=1}^{\infty}$ の，2つの無限への近づき方をいかに結びつけるかということに手間どったからであった．

定理の証明で残っている部分は，ベキ級数

$$\sum_{n=1}^{\infty} na_n x^{n-1} \qquad (7)$$

の収束半径 $\tilde{r}$ が，$\sum_{n=1}^{\infty} a_n x^n$ の収束半径 $r$ に等しいということである．

いま示したように，$x\in(-r, r)$ ならば (7) は収束するのだから，$r \leq \tilde{r}$ は明らかである．一方，ベキ級数は収束域の内部では絶対収束していることと，

$$\sum_{n=1}^{\infty} |a_n||x|^n \leq \left(\sum_{n=1}^{\infty} n|a_n||x|^{n-1}\right)|x|$$

に注意すると，(7) が絶対収束している範囲では，$\sum a_n x^n$ も絶対収束しているから，$\tilde{r} \leq r$ である．

これで $r = \tilde{r}$ がいえて，定理が完全に証明された．（証明終り）

## 定理から導かれること

いま証明した基本定理によって，ベキ級数は解析学において中心的な位置を占めることになった．この定理によって明らかとなったベキ級数の性質を述べてみよう．

ベキ級数 $\sum_{n=0}^{\infty} a_n x^n$ の収束半径は正（または $+\infty$）とし，このベキ級数が収束域で表わす関数を $f(x)$ とする：

$$f(x) = \sum_{n=0}^{\infty} a_n x^n \tag{8}$$

### （I）連続性

> $f(x)$ は収束域の内部では連続である．

これは上の定理と一般的な結果：

"微分可能な関数は連続である"

からすぐにわかることである．

♣ 念のため，この一般的な結果に証明を与えておこう．$y=\varphi(x)$ を微分可能な関数とする．このとき $x$ をとめて考えると

$$\varphi'(x) = \lim_{h \to 0} \frac{\varphi(x+h) - \varphi(x)}{h}$$

により，$h$ が十分 $0$ に近くなれば，

$$\left| \varphi'(x) - \frac{\varphi(x+h) - \varphi(x)}{h} \right| < 1$$

となる．この式から

$$|\varphi(x+h) - \varphi(x)| < |h|(1 + |\varphi'(x)|)$$

が得られ，したがって $h \to 0$ のとき $\varphi(x+h) \to \varphi(x)$ となることがわかり，$\varphi$ は連続関数である．

### （II）高階微分可能性

> $f(x)$ は収束域の内部では何回でも微分できる．$f(x)$ の $k$ 階の導関数を $f^{(k)}(x)$ とすると

$$f^{(k)}(x) = \sum_{n=k}^{\infty} n(n-1)(n-2)\cdots(n-k+1)a_k x^{n-k}$$

と表わされる．この右辺のベキ級数の収束半径は，$f(x)$ を表わすベキ級数(8)の収束半径と一致する．

［証明］定理により

$$f'(x) = \sum_{n=1}^{\infty} n a_n x^{n-1}$$

は $f(x)$ と同じ収束半径をもつ．したがって $f'(x)$ にもう一度定理を適用すると，$f'(x)$ は微分可能で

$$f''(x) = \sum_{n=2}^{\infty} n(n-1) a_n x^{n-2}$$

である．また右辺のベキ級数の収束半径は，$f'(x)$ の，したがってまた $f(x)$ の収束半径と一致していることがわかる．

したがって $f''(x)$ にまた定理を適用することができる．このようにして，$k$ 回繰り返すと，$f^{(k)}(x)$ が存在して，上に述べてあるようなベキ級数として表わされていることがわかる．（証明終り）

(III) ベキ級数の係数の関数による表示

ベキ級数(8)の係数 $a_n$ は，$f(x)$ の $n$ 階の導関数を用いて

$$a_n = \frac{1}{n!} f^{(n)}(0) \qquad (n=1,2,\cdots)$$

と表わされる．したがって

$$f(x) = \sum_{n=0}^{\infty} \frac{1}{n!} f^{(n)}(0) x^n$$

が成り立つ．

［証明］
$$f(x) = a_0 + a_1 x + a_2 x^2 + \cdots + a_n x^n + \cdots$$

で，$x=0$ とおくと
$$f(0) = a_0$$

となる．次に
$$f'(x) = a_1 + 2a_2 x + \cdots + na_n x^n + \cdots$$
で，$x=0$ とおくと
$$f'(0) = a_1$$
となる．同様にして
$$f''(x) = 2\cdot 1 a_2 + 3\cdot 2 a_3 x + \cdots + n(n-1)x^{n-2} + \cdots$$
から $f''(0) = 2!a_2$，すなわち
$$a_2 = \frac{1}{2!}f''(0)$$
が得られる．このようにして，次々と微分しては $x=0$ とおくという操作を繰り返していくと，$n$ 階目の微分で
$$f^{(n)}(x) = n!a_n + (n+1)n\cdots 2\cdot a_{n+1}x + \cdots$$
となり，ここで $x=0$ とおくと，$f^{(n)}(0) = n!a_n$，すなわち
$$a_n = \frac{1}{n!}f^{(n)}(0) \qquad (n=0,1,2,\cdots)$$
が証明された． （証明終り）

### (Ⅳ) 不定積分

一般に関数 $\varphi(x)$ に対し，ある微分可能な関数 $\varPhi(x)$ があって
$$\varPhi'(x) = \varphi(x)$$
が成り立つとき，$\varphi(x)$ は**不定積分可能**であるといい，
$$\varPhi(x) = \int \varphi(x)dx$$
と表わす．そして $\varPhi(x)$ を $\varphi(x)$ の**不定積分**という．連続な関数 $\varphi(x)$ は，必ず不定積分可能となる．

♣ このことは，たとえば $\varphi(x) \geqq 0$ のとき，$a$ から $x$ までのグラフのつくる面積を $\varPhi(x) = \int_a^x \varphi(x)dx$ とすると（定積分！），$\varPhi'(x) = \varphi(x)$ となることからわかる．

ベキ級数で表わされる関数 $f(x)$ は，収束域の内部では連続だから，したがってそこでは不定積分可能である．この不定積分を求め

るには

$$\int x^n dx = \frac{1}{n+1}x^{n+1} + C$$

を用いて，項別に積分するとよい．すなわち

> 収束域の内部では
> $$\int f(x)dx = C + a_0 x + \frac{1}{2}a_1 x^2 + \frac{1}{3}a_2 x^3 + \cdots$$
> $$+ \frac{1}{n}a_{n-1}x^n + \frac{1}{n+1}a_n x^{n+1} + \cdots$$
>
> と表わされる（$C$ は積分定数）．

［証明］　まず右辺のベキ級数の収束半径 $\tilde{r}$ が，$\sum a^n x^n$ の収束半径 $r$ と一致することを確かめておこう．それにはコーシー・アダマールの定理を使うのがよい．右辺のベキ級数の定数項を除いた部分を $x\left(a_0 + \frac{1}{2}a_1 x + \cdots + \frac{1}{n+1}a_n x^n + \cdots\right)$ と表わせば，もちろんこのカッコの中のベキ級数の収束半径は $\tilde{r}$ に等しいから，これが $r$ に等しいことを示せばよい．ところがそれは

$$\frac{1}{\tilde{r}} = \overline{\lim} \sqrt[n]{\frac{|a_n|}{n+1}} = \lim \frac{1}{\sqrt[n]{n+1}} \overline{\lim} \sqrt[n]{|a_n|} = \overline{\lim} \sqrt[n]{|a_n|} = \frac{1}{r}$$

から明らかである．

　収束域の内部では，右辺のベキ級数は項別に微分してよい．実際微分すると

$$a_0 + a_1 x + a_2 x^2 + \cdots + a_n x^n + \cdots$$

となる．これは $f(x)$ に等しい．したがって，右辺のベキ級数が収束域の内部で表わしている関数は $\int f(x)dx$ である．　（証明終り）

　なお，(II)の結果を，ベキ級数の**項別微分の定理**，(IV)の結果を**項別積分の定理**として引用することもある．(III)の結果は，ベキ級数が関数 $f(x)$ の高階の微分という概念と結びついてきたことを意味している．ある意味では，ベキ級数は微分と表裏一体の関係にある．この深い内容をこれから少しずつ調べていくことにより，解析

学の扉の奥へと入っていくことにしよう．

## 例

　ベキ級数と，それが収束域の内部で表わす関数との関係はこれから第2週にかけての主題となるのだが，ここではその前奏曲のようなつもりで，少し例を挙げておこう．

（a）ベキ級数
$$1+\frac{1}{1!}x+\frac{1}{2!}x^2+\cdots+\frac{1}{n!}x^n+\cdots$$
は，$a_n=\frac{1}{n!}$ であり，収束半径は
$$\lim\frac{a_n}{a_{n+1}}=\lim\frac{\frac{1}{n!}}{\frac{1}{(n+1)!}}=\lim(n+1)=+\infty$$
である．したがって
$$f(x)=1+\frac{1}{1!}x+\frac{1}{2!}x^2+\cdots+\frac{1}{n!}x^n+\cdots$$
とおくと，$f(x)$ は実数全体で定義された関数となる．項別微分してみるとすぐわかるように
$$f'(x)=f(x)$$
となっている．また $f(0)=1$ である．

　実際は，$f(x)$ は指数関数 $e^x$ を表わしている．次の図は，$y=f_1(x)=1+x$, $y=f_2(x)=1+x+\frac{1}{2!}x^2$, $\cdots$, $y=f_6(x)=1+x+\frac{1}{2!}x^2+\cdots+\frac{1}{6!}x^6$ のグラフが $e^x$ のグラフへ近づくようすを示している．

（b）ベキ級数
$$g(x)=1-\frac{1}{2!}x^2+\frac{1}{4!}x^4-\frac{1}{6!}x^6+\frac{1}{8!}x^8-\cdots$$
$$h(x)=x-\frac{1}{3!}x^3+\frac{1}{5!}x^5-\frac{1}{7!}x^7+\frac{1}{9!}x^9-\cdots$$
は，それぞれ収束半径は $+\infty$ であり，したがって $g(x)$ も $h(x)$ もともに実数全体で定義された関数になっている．項別微分するとす

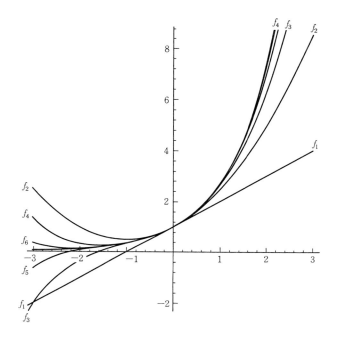

ぐ確かめられるように

$$g'(x) = -h(x), \quad h'(x) = g(x)$$

である．また $g(0)=1$, $h(0)=0$ である．

実際は，$g(x)$ は $\cos x$ を，$h(x)$ は $\sin x$ を表わしている．

(c) ベキ級数

$$f(x) = x - \frac{1}{2}x^2 + \frac{1}{3}x^3 - \frac{1}{4}x^4 + \frac{1}{5}x^5 - \cdots \qquad (9)$$

は

$$\lim \left| -\frac{\frac{1}{n}}{\frac{1}{n+1}} \right| = \lim \frac{n+1}{n} = 1$$

により，収束半径 1，したがって $-1<x<1$ で $f(x)$ は微分可能な関数である．$f(x)$ を項別微分することにより

$$f'(x) = 1 - x + x^2 - x^3 + x^4 - \cdots$$

となるが，右辺は $-1<x<1$ で等比級数の和の公式により $\dfrac{1}{1+x}$ である．すなわち

$$f'(x) = \frac{1}{1+x}$$

したがって

$$f(x) = \int \frac{1}{1+x} dx = \log(1+x) + C \qquad (C \text{ は積分定数})$$

となるが，(9)により$f(0)=0$だから，$C=0$である．これで(9)が，$-1<x<1$で対数関数$\log(1+x)$を表わしていることがわかった．

### 歴史の潮騒

　関数の概念の成立を，時間により星の位置が変わるというような漠然とした対応の意識にあるとすれば，その源を古代バビロニアか，さらにもっと昔にまでさかのぼることができるだろう．しかし，解析的な表現によって，関数を定義するようになったのは，17世紀前半のデカルトとフェルマによる．とくにデカルトは，2つの未知量の関係が方程式で与えられているときには，一方の量を決めたときには他方の量が決まるという言い方をしている．しかし彼らは，対応を曲線の形で捉えるのがふつうであり，解析的表現をとることはむしろ補助的であった．デカルトは，解析的な表現で与えられた関数を分類することよりも，曲線そのものの分類に関心があったのである．また関数は，主に$x^2+y^2=1$のように2つの量の間の関係式として与えられていた．2つの量の対応を与える関数関係は，方程式を通して間接的に与えられていたのである．

　関数を$y=f(x)$と表わす考えを積極的に導入したのは，ニュートンが最初であった．もちろんニュートンはこのような一般的な表現を用いたわけではなく，

$$y = \frac{1}{1+x^2}, \qquad y = x^3 + \frac{\sqrt{x-\sqrt{1-x^2}}}{\sqrt[3]{ax^2+x^3}} - \frac{\sqrt[5]{x^3+2x^5+x^{2/3}}}{\sqrt[3]{x+x^2-\sqrt{2x-x^{2/3}}}},$$

$$y = \frac{a^2}{b} - \frac{a^2x}{b^2} + \frac{a^2x^2}{b^4} - \cdots$$

のような，いろいろな場合に応じての特別な表現をもつ関数を研究

の対象としたのである．幾何学的なイメージはむしろ捨てられたのである．

そしてニュートンは，この表現法から出発して，これらをさらにベキ級数で表わし，これに微積分の方法を適用して具体的に計算するということで，驚くべき多くの重要な結果を生み出したのである．

曲線の形を通すことなく，関数そのものをその表現を通して直接調べようという考えは，ニュートンの中で1676年までには十分成熟していたといわれている．ニュートンにこのようなことを考えさせた動機の1つは，1665年から1666年に田舎に帰って思索に耽っていたとき，一般の二項定理を発見したことにあったのかもしれない．ニュートンは $(1+x)^2$ や $(1+x)^3$ などに成り立つよく知られた二項定理を

$$\sqrt{1+x} = (1+x)^{\frac{1}{2}}, \quad \sqrt[3]{(1+x)^5} = (1+x)^{\frac{5}{3}}$$

のような分数ベキに対してまで求めようと試み，$\alpha = \dfrac{n}{m}$ に対しては，

$$(1+x)^\alpha = 1 + \frac{\alpha}{1!}x + \frac{\alpha(\alpha-1)}{2!}x^2 + \frac{\alpha(\alpha-1)(\alpha-2)}{3!}x^3 + \cdots$$

とベキ級数によって表わされることを示した．これを一般の二項定理という．$\alpha$ が 0，または自然数でなければ，このベキ級数の収束半径は 1 である（実際は，$\alpha$ は任意の実数として成り立つ）．ニュートンは数学の研究の出発点で，二項定理を通して，ベキ級数と出会ったのである．それはニュートンという天才と数学との暗示にみちた出会いであった．

## 先生との対話

小宮君がまず

「ベキ級数 $\sum a_n x^n$ で表わされる関数を $f(x)$ とすると，係数 $a_n$ が，$a_n = \dfrac{1}{n!} f^{(n)}(0)$ と表わされるということを知ってびっくりしました．だって $f(x)$ の高階微分がこんなところに突然でてくるとは思わなかったし，$f(x) = \sum a_n x^n$ の $x^n$ の係数は？って聞かれて，す

ぐに求められるなんて信じられないもの.」
といったところから,教室の中がにぎやかになってきた.

「でも,関数 $f(x)$ の導関数 $f'(x)$ を計算するのは,ふつうはそんなむずかしくないけれど,高階導関数なんて一般にはすぐに求められないわ.$\sin(x^2+x+1)$ を4回微分してみることだって大変よ.だから,$a_n = \dfrac{1}{n!} f^{(n)}(0)$ のことがわかっても,すぐに $a_n$ が求められるってことではないと思う.」

「一般にはそうだけれど,$y=\sin x$ ならば,何回でもすぐ微分できるよ.なぜかっていうと,$\sin x$ の微分は4周期で

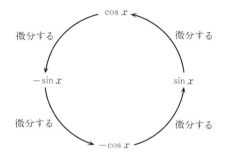

と回るから,たとえば $\sin x$ の 70 回,71 回,72 回,73 回の高階導関数を求めてみると,70 は 4 で割って 2 余る数だから

$$(\sin x)^{(70)} = -\sin x, \quad x=0 \text{ を代入して } 0$$
$$(\sin x)^{(71)} = -\cos x, \quad x=0 \text{ を代入して } -1$$
$$(\sin x)^{(72)} = \sin x, \quad x=0 \text{ を代入して } 0$$
$$(\sin x)^{(73)} = \cos x, \quad x=0 \text{ を代入して } 1$$

だから,ベキ級数で

$$\sin x = a_0 + a_1 x + \cdots + a_n x^n + \cdots$$

と表わしたとき

$$a_{70} = \frac{1}{70!} \times 0 = 0, \quad a_{71} = \frac{1}{71!} \times (-1) = -\frac{1}{71!}$$
$$a_{72} = \frac{1}{72!} \times 0 = 0, \quad a_{73} = \frac{1}{73!} \times 1 = \frac{1}{73!}$$

となる.」

「そうそう,そのことが結局

$$\sin x = x - \frac{1}{3!}x^3 + \frac{1}{5!}x^5 - \cdots - \frac{1}{71!}x^{71} + \frac{1}{73!}x^{73} - \cdots \quad (10)$$

と表わされるということでしょう．このベキ級数は，今日の話の中でも，例としてでてきたものだわ．」

そこまで話がはずんだとき，かず子さんが注意深いコメントをはさんだ．

「少し話の流れが違うようだわ．先生の今までの話では，ベキ級数 $\sum a_n x^n$ は収束域の内部では何回でも微分できる関数 $f(x)$ を定義する．この $f(x)$ を使えば，もとのベキ級数の各係数 $a_n$ は，$a_n = \frac{1}{n!}f^{(n)}(0)$ と表わされるということだったと思うの．いまの話では，関数 $\sin x$ が，本当にベキ級数で表わされている関数となっているか，という肝心なところがまだわかっていないんでないかしら．」

先生は大きくうなずいて

「そうです．先生もそのことを注意しようと思っていたところでした．**$\sin x$ がもしもベキ級数で表わされる関数ならば**，いまの皆の話のように，$\sin x$ の微分を調べて，$\sin x$ が (10) のように表わせるという結論を導くことができます．ベキ級数で表わされるかどうかを確認しないで，いまのような議論をすれば，それは正しくない結論を導くこともあります．」

といわれた．山田君は，その問題に興味があったのか，待っていたように質問した．

「何回でも微分可能な関数で，ベキ級数として表わせない関数というのはあるのですか．」

「君たちが知っている三角関数や指数関数や対数関数は，ベキ級数で表わされることが確かめられています．対数関数のときには収束域に多少制限がつきます．しかし一般には，何回でも微分可能な関数でも，ベキ級数として表わせないものはたくさんあります．

1つの有名な例は

$$\varphi(x) = \begin{cases} e^{-\frac{1}{x^2}} & x > 0 \\ 0 & x \leq 0 \end{cases}$$

という関数です．この関数は，何回でも微分できる関数ですが

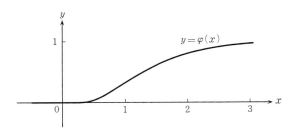

$$\varphi(0) = \varphi'(0) = \varphi''(0) = \cdots = \varphi^{(n)}(0) = \cdots = 0$$

となっています．ですから，もし $\varphi(x)$ がベキ級数で $\sum c_n x^n$ と表わされるならば，$c_n = \frac{1}{n!}\varphi^{(n)}(0) = 0$ ($n=1, 2, \cdots$) となって，すべての係数は 0 となってしまいます．だからこのベキ級数の表わす関数は，恒等的に 0 なのです！ $\varphi(x)$ は $x>0$ のところでは $\varphi(x)>0$ となっていますから，このことから $\varphi(x)$ は決してベキ級数で表わすことができないということがわかります．

このことからまた 2 つの関数

$$y = \sin x, \quad y = \sin x + \varphi(x)$$

は，順次高階導関数を求めながら，原点での値をみると，同じ値

$$0, 1, 0, -1, 0, 1, 0, -1, 0, \cdots$$

となることがわかります．しかし，一方の $\sin x$ は，ベキ級数として表わせますが，他方の関数はベキ級数としては表わせません．」

皆は不思議そうな顔をした．先生は話を続けられた．

「この例でもわかるように，一般に，何回でも微分できる関数 $y=f(x)$ があっても，$f(0), f'(0), f''(0), \cdots$ の値を見ただけでは，この関数がベキ級数として表わせるかどうかは判定できないのです．そのため，こんどは関数の立場に立って見るときには，微分のもつ意味と，ベキ級数で表現できる関数の，いわば明確な位置づけを示すことが問題となってきます．これは数学の新しい大きな主題を形づくっていくことになります．私たちは，第 2 週の話を，このテーマに焦点を合わせながら進めていくことにしましょう．」

# 問　題

[1]（1）2つのベキ級数 $\sum a_n x^n$ と $\sum b_n x^n$ は同じ収束半径 $r\,(>0)$ をもち，収束域の内部では

$$\sum_{n=0}^{\infty} a_n x^n = \sum_{n=0}^{\infty} b_n x^n$$

が成り立つとする．このとき $a_n = b_n\,(n=1,2,\cdots)$ が成り立つことを示しなさい．

（2）ベキ級数 $\sum a_n x^n$ で，もし $a_n$ の中に無限に0でないものがあるならば，このベキ級数で表わされる関数は，決して整式としては表わされないことを示しなさい．

[2] 二項定理

$$(1+x)^n = 1 + \binom{n}{1}x + \binom{n}{2}x^2 + \cdots + \binom{n}{k}x^k + \cdots + x^n$$

（$n$ は自然数）で，$x^k$ の係数

$$\binom{n}{k} = \frac{n(n-1)\cdots(n-k+1)}{k!} \quad (={}_nC_k)$$

は，$f(x)=(1+x)^n$ とおいたとき

$$\frac{f^{(k)}(0)}{k!}$$

と一致していることを示しなさい．

[3] $\alpha$ を任意の実数とする．このときベキ級数

$$1 + \alpha x + \frac{\alpha(\alpha-1)}{2!}x^2 + \cdots + \frac{\alpha(\alpha-1)\cdots(\alpha-n+1)}{n!}x^n + \cdots$$

の収束半径を求めなさい．

## お茶の時間

**質問**　今まで先生がお話しになったベキ級数は，いつも

$$a_0 + a_1 x + \cdots + a_n x^n + \cdots$$

という形でしたが，以前読んだ本の中には，点 $a$ を中心とするベ

キ級数という言い方で
$$a_0+a_1(x-a)+a_2(x-a)^2+\cdots+a_n(x-a)^n+\cdots$$
という形の級数を扱っていました．これについて少し説明して頂けませんか．

**答** 1次関数でも，2次関数でも，たとえば
$$y=3+2(x-1), \quad y=-5+8(x-1)-2(x-1)^2 \quad (*)$$
のように表わすこともある．このように表わしておくと，それぞれの関数の挙動を，$x=1$ を中心として見ていることになる．実際，$x=1$ のときの値はそれぞれ 3 と $-5$ であることはすぐわかるが，変数 $x$ が 1 から $h$ だけずれたときの値も
$$y=3+2h, \quad y=-5+8h-2h^2$$
となることがすぐにわかる．

私たちは $X=x-1$ とおくことにより，$(*)$ の1次関数と2次関数は
$$y=3+2X, \quad y=-5+8X-2X^2 \quad (**)$$
という関数を，$x$ 方向に 1 だけ移動したものであるとみることができる．$(**)$ で $X=0$ を中心として述べている性質は，$(*)$ では $x=1$ を中心として述べていることになっている．

同じように考えれば，何も変数 $x$ で表わしたベキ級数だけではなくて，$x=1$ を中心にして考えようとするときには，"変数" $x-1$ のベキ級数
$$b_0+b_1(x-1)+b_2(x-1)^2+\cdots+b_n(x-1)^n+\cdots$$
を考えてもよいことになるだろう．ここでこのベキ級数の収束域の内部は，1 を中心とした左右対称の開区間
$$(1-r, 1+r)$$
で与えられることになる．ここで $r$ はベキ級数
$$b_0+b_1X+b_2X^2+\cdots+b_nX^n+\cdots$$
の収束半径である．収束する場所が 1 つだけ右へずれてくることになっている．

一般に
$$c_0+c_1(x-a)+c_2(x-a)^2+\cdots+c_n(x-a)^n+\cdots$$

の形のベキ級数を，$a$ を中心とするベキ級数という．このベキ級数の収束域の内部は，$a$ を中心とする開区間

$$(a-r, a+r)$$

で与えられる．$r$ はベキ級数 $\sum c_n X^n$ の収束半径である．またこの開区間の中では，このベキ級数は，何回でも微分できる関数 $f(x)$ を定義しており，

$$c_n = \frac{f^{(n)}(a)}{n!} \qquad (n=0,1,2,\cdots)$$

が成り立つ．

　要するに，ベキ級数についての基本的なことを調べるには，原点中心のベキ級数だけを考察しておけば十分なのである．そこで得られた性質をすべて $a$ だけずらした形で述べると，$a$ を中心とするベキ級数についての性質が得られることになる．

日曜日

# オイラー数学の光

# オイラーの数学

　オイラーの数学については，金曜日の"歴史の潮騒"の中でも少し述べたが，日曜日の話として，私はどうしてももう一度取り上げてみたい気がしていた．オイラーの数学の内容については，いまから30年くらい前までは，私も，また私の周辺の人たちも，それほど興味を向けるということはなかったようである．オイラーが尨大な仕事を残したことは知っていたが，私たちが数学の歴史をさかのぼってみることはあっても，せいぜい19世紀のガウス，アーベルあたりまでで，18世紀の数学，そしてそこでの巨匠オイラーの仕事を見てみようなどということは考えもしなかったのである．

　公理から出発して，厳密な演繹的な理論体系として，数学を整備しようという考えは，20世紀初頭からはじまり，20世紀半ばすぎまで広く数学の上をおおっていたのであるが，その観点から見るならば，オイラーの数学の中に厳密な論証を欠いたり，不確かな推論から正しい結論を導いたりした個所を見つけ出すことは容易なことであった．そしてその点だけを強調すれば，オイラーの数学は18世紀の深い霧の中に隠れ，私たちの関心から遠ざかってしまうのである．

　だが，オイラーの数学は，数学の構造などという理念的なものに一切こだわらない，自由な数学への発想と，数学の発見の楽しみに満ちあふれており，そこに私たちは，数学の躍動する生命感と，また静かに水を湧き出し続ける数学の泉を見出すことができるのである．オイラーが十分楽しみながら行なったと思われる大量の数値計算は，実証的な立場からオイラーの数学の骨組みをしっかりと背後から支えるものであり，それがまたオイラーの得た結果の正しさを保証している．オイラーの数学は，見方によっては，20世紀数学の歩んできた道への1つの批判を，数学の歴史を通して投げかけているとも思えるのである．

## オイラーの生涯

オイラー（Leonhard Euler）は，1707年4月にスイスのバーゼルで生まれた．オイラーの父は，ジャック・ベルヌーイの講義を聞いたこともある，数学に興味をもつ牧師であった．ジャック・ベルヌーイはオイラーの最初の先生となった．1720年，14歳になるかならないかの若さで，バーゼル大学の学生となり，そこでは主に神学と哲学を学んでいたが，弟のジャン・ベルヌーイの数学の講義にも出席していた．彼の関心は数学に傾いていた．オイラーは18歳のとき最初の数学の論文を書いた．オイラーの友人であったジャンの息子のダニエル・ベルヌーイは1725年に，ロシアのサンクト・ペテルブルクに，ピョートル大帝の計画にしたがって新しくつくられた科学アカデミーの数学教授となっていたが，翌年このアカデミーの医学部門に加わるようにとオイラーを招いた．オイラーは大急ぎで生理学を勉強し，1727年5月にペテルブルクに着いたが，実際は医学にたずさわることなく，最初の3年間は海軍兵学校に過し，1730年に科学アカデミーの自然科学の教授に，そして1733年にダニエル・ベルヌーイの後任として数学教授となった．オイラーは，ここでは応用数学（物理，工学，地図，航海術，造船等）と数学教育に多くの時間を費したが，このときでももっとも重要な業績を上げたのは数学であった．1738年，オイラーは右眼の視力を失ってしまった．

1740年になって，ペテルブルクにおける政治状勢が複雑な様相を呈してきた．同じとき，プロシャのフレドリック大王が，ベルリン科学アカデミーの再興を企て，オイラーはここに招かれることになった．オイラーは1741年7月にベルリンに到着した．オイラーは，こんどはここでは，行政的なことや，運河設計や弾道の研究など実際的なことにたずさわらなくてはいけなかったが，数学と物理の研究からは離れることはなかった．しかし，結局はベルリンの宮廷の空気と合わなくなり，1766年女帝カテリーナⅡ世の招きに応

じて，再びペテルブルクにもどったが，その年オイラーは残った左眼が白内障にかかり，視力を失いつつあることを知った．やがてオイラーは完全に失明した．失明後もそれ以前にも増して数学の研究を精力的に続けた．最晩年の 10 年間に数百編の論文が書かれたのである．1783 年 9 月 18 日，お茶をすすりながら孫の相手をしている最中に，突然 76 歳のオイラーに死が訪れた．その時まで，上々の健康と精神力を維持し，数学の研究を続けていたのであったが——．

ここではオイラーの厖大な仕事の中から，今週の話とも多少かかわっているような，二，三の話題を選び，オイラーの数学から現代の数学にまで差しこむ光を多少なりとも感じとって頂こうと思う．

## 素数の無限性

素数とは，1 より大きい自然数で，1 と自分自身以外には約数をもたないものである．

2 から 100 までの素数は

2, 3, 5, 7, 11, 13, 17, 19, 23, 29, 31, 37, 41, 43, 47, 53, 59, 61, 67, 71, 73, 79, 83, 89, 97

の 25 個であり，100 から 200 までの素数は

101, 103, 107, 109, 113, 127, 131, 137, 139, 149, 151, 157, 163, 167, 173, 179, 181, 191, 193, 197, 199

の 21 個である．

素数の分布している状況は複雑である．しかし，どんな自然数でも素数の積としてただ一通りに表わすことができる．たとえば
$$43603505 = 5 \cdot 11 \cdot 43 \cdot 103 \cdot 179$$
$$2678199125 = 5^3 \cdot 7^2 \cdot 17^3 \cdot 89$$

素数が無限に存在するということは，すでにユークリッドの『原論』の中で次のように証明されている．もし素数が有限個しかないとするならば，これを $2, 3, 5, \cdots, P_N$ としよう．そしてこの素数を全部かけた数に 1 を加えた

$$a = 2\cdot 3\cdot 5\cdot\cdots\cdot P_N+1$$

を考えると，$a$ はどの素数で割っても 1 余ることになり，$a$ は素数の積で表わされるということに矛盾してしまう．したがって，素数は無限に存在する．

このユークリッドの証明は，背理法の原型ともいえる見事なものだが，オイラーはまったく異なる立場から，素数の無限性を次のように証明した．等比級数の公式から

$$\frac{1}{1-\frac{1}{2}} = 1+\frac{1}{2}+\frac{1}{2^2}+\frac{1}{2^3}+\cdots+\frac{1}{2^m}+\cdots$$

$$\frac{1}{1-\frac{1}{3}} = 1+\frac{1}{3}+\frac{1}{3^2}+\frac{1}{3^3}+\cdots+\frac{1}{3^n}+\cdots$$

が成り立つ．この両辺を辺々かけ合わせると

$$\begin{aligned}\frac{1}{1-\frac{1}{2}}\cdot\frac{1}{1-\frac{1}{3}} &= \left(1+\frac{1}{2}+\frac{1}{2^2}+\frac{1}{2^3}+\cdots+\frac{1}{2^m}+\cdots\right)\\ &\quad\times\left(1+\frac{1}{3}+\frac{1}{3^2}+\frac{1}{3^3}+\cdots+\frac{1}{3^n}+\cdots\right)\\ &= 1+\frac{1}{2}+\frac{1}{3}+\frac{1}{4}+\frac{1}{6}+\frac{1}{8}+\frac{1}{9}+\cdots+\frac{1}{2^m 3^n}+\cdots\end{aligned}$$

となって，右辺は $\frac{1}{2^m 3^n}$ ($m,n=0,1,2,\cdots$) の和となる．

この式の両辺にさらに

$$\frac{1}{1-\frac{1}{5}} = 1+\frac{1}{5}+\frac{1}{5^2}+\cdots+\frac{1}{5^l}+\cdots$$

をかけると

$$\frac{1}{1-\frac{1}{2}}\cdot\frac{1}{1-\frac{1}{3}}\cdot\frac{1}{1-\frac{1}{5}} = 1+\frac{1}{2}+\frac{1}{3}+\frac{1}{4}+\frac{1}{5}+\cdots+\frac{1}{2^m 3^n 5^l}+\cdots$$

となり，右辺は $\frac{1}{2^m 3^n 5^l}$ ($m,n,l=0,1,2,\cdots$) の和となる．すなわちこのとき右辺の分数の分母には，素数 2, 3, 5 だけが約数として現われるような自然数がすべて登場することになる．

そこでもし素数が有限個しかなく，それを $2, 3, \cdots, P_N$ とすると，

どんな自然数 $n$ も
$$n = 2^{k_1} 3^{k_2} \cdots P_N{}^{k_N} \qquad (k_1, k_2, \cdots, k_N = 0, 1, 2, \cdots)$$
と表わされることになるのだから，いまの議論をおし進めると
$$\frac{1}{1-\frac{1}{2}} \cdot \frac{1}{1-\frac{1}{3}} \cdot \frac{1}{1-\frac{1}{5}} \cdot \cdots \cdot \frac{1}{1-\frac{1}{P_N}} = 1 + \frac{1}{2} + \frac{1}{3} + \cdots + \frac{1}{n} + \cdots$$

となるはずである．ところがこの式の左辺は有限の値であるが，右辺は発散する級数となっている（54頁参照）．これは矛盾である．したがって素数は無限に存在する．

これがオイラーの論法であった．

## オイラー積とゼータ関数

金曜日にも述べたように
$$\frac{1}{1^2} + \frac{1}{2^2} + \frac{1}{3^2} + \cdots + \frac{1}{n^2} + \cdots = \frac{\pi^2}{6} \tag{1}$$
である．上の考え方にしたがって，この左辺を素数を用いて表わそうとすると，
$$\frac{1}{1-\frac{1}{p^2}} = 1 + \frac{1}{p^2} + \frac{1}{p^4} + \frac{1}{p^6} + \cdots$$
に注意して，
$$\prod_{p:\text{素数}} \frac{1}{1-\frac{1}{p^2}} = \frac{1}{1^2} + \frac{1}{2^2} + \frac{1}{3^2} + \cdots + \frac{1}{n^2} + \cdots \tag{2}$$

と表わされることがわかるだろう．(2)の左辺は，すべての素数 $p$ について
$$\frac{1}{1-\frac{1}{p^2}} = \frac{p^2}{p^2-1} \tag{3}$$

をかけた無限積を表わしており，実際それを展開すれば

$$\frac{1}{(p_1^{k_1} p_2^{k_2} \cdots p_s^{k_s})^2}$$

($p_1, p_2, \cdots, p_s$ は素数) という項がすべて現われてくるのである！

オイラーは，(1),(2),(3)からそれまでの数学者が見たこともなかった奇妙な公式

$$\frac{2^2}{2^2-1} \cdot \frac{3^2}{3^2-1} \cdot \frac{5^2}{5^2-1} \cdot \frac{7^2}{7^2-1} \cdot \frac{11^2}{11^2-1} \cdots = \frac{\pi^2}{6}$$

を導いたのである．

オイラーはさらに(2)を凝視しながら，自然に

$$\prod_{p:\text{素数}} \frac{1}{1-\frac{1}{p^s}} = \frac{1}{1^s} + \frac{1}{2^s} + \frac{1}{3^s} + \cdots + \frac{1}{n^s} + \cdots \tag{4}$$

という関係式へと視野を広げることになった．

$s>1$ のとき右辺は収束する．したがって

$$\zeta(s) = \frac{1}{1^s} + \frac{1}{2^s} + \frac{1}{3^s} + \cdots + \frac{1}{n^s} + \cdots$$

とおくと，$\zeta(s)$ は $s>1$ のとき定義された関数となる．$\zeta(s)$ を**ゼータ関数**という．(4)は $\zeta(s)$ を主体として書くと

$$\zeta(s) = \prod_{p:\text{素数}} \frac{1}{1-\frac{1}{p^s}}$$

となるが，この式をゼータ関数の**オイラー積**による表示といい，整数論においてもっとも基本的な関係式となっている．

♣ ゼータ関数が偶数 $2, 4, 6, \cdots, 2k, \cdots$ でとる値は

$$\zeta(2k) = 1 + \frac{1}{2^{2k}} + \frac{1}{3^{2k}} + \cdots + \frac{1}{n^{2k}} + \cdots$$

で，オイラーは『無限解析入門』の中では，前に述べたように $2k=26$ まで計算しているが，一般の場合はベルヌーイ数とよばれるものを使って表わすことができる．詳しく書くことはできないが

$$\zeta(2k) = \text{有理数} \times \pi^{2k}$$

という形をとる．

一方，ゼータ関数が奇数 $3, 5, 7, \cdots$ でとる値がどのような性質をもつ数かということは，いまもまだ十分わかっていないようである．

## $\sum \dfrac{1}{p}$ は発散する[*]

オイラーによるゼータ関数の導入は，整数の中に深く隠されている数の神秘的な性質を，解析学の方法を用いて解明する道を拓いていくことになったのだが，その理論は深遠でここで述べることはできない．比較的簡単な例で，ゼータ関数の性質から，素数分布に関する1つの情報が導かれることだけをみておこう．

2つの級数

$$1+\frac{1}{2}+\frac{1}{3}+\cdots+\frac{1}{n}+\cdots = +\infty$$

$$1+\frac{1}{2^2}+\frac{1}{3^2}+\cdots+\frac{1}{n^2}+\cdots+ = \frac{\pi^2}{6}$$

をくらべてみると，上の級数が発散するのに，下の級数が $\dfrac{\pi^2}{6}$ に近づくのは，$1, 2^2, 3^2, \cdots, n^2, \cdots$ が自然数の中に十分まばらに分布していて，したがって，$n \to \infty$ のとき，$n$ にくらべて，$n^2$ がどんどん急速に大きくなっていくからである．実際，このことは逆数をとると，$\dfrac{1}{n^2}$ が急速に $0$ に近づくことを意味し，それが $\sum \dfrac{1}{n^2}$ の収束性を保証している．

それでは，素数の逆数をとって加えて得られる級数

$$\sum_{p:\text{素数}} \frac{1}{p} = 1+\frac{1}{2}+\frac{1}{3}+\frac{1}{5}+\frac{1}{7}+\frac{1}{11}+\frac{1}{13}+\frac{1}{17}+\cdots$$

は発散するのだろうか，収束するのだろうか．

**定理** $\displaystyle\sum_{p:\text{素数}} \dfrac{1}{p}$ は発散する．

このことは素数は $1^2, 2^2, \cdots, n^2, \cdots$ の分布の薄さにくらべ，はる

---

[*] この項と次項については，W. Scharlau, H. Opolka『From Fermat to Minkowski』Springer, 1984. と G. H. Hardy, E. M. Wright『An Introduction to the Theory of Numbers』Oxford, 1960. を参照した．

かにたくさん自然数の中にあって，いわばかなり厚く分布していることを示している．

[証明] この証明には，土曜日(119-120頁)に示した対数関数のベキ級数表示

$$\log(1+x) = x - \frac{x^2}{2} + \frac{x^3}{3} - \frac{x^4}{4} + \cdots \quad (|x|<1)$$

を使う．この式から

$$\log\frac{1}{1-x} = -\log(1-x) = x + \frac{x^2}{2} + \frac{x^3}{3} + \frac{x^4}{4} + \cdots \quad (|x|<1) \tag{5}$$

が得られる．

さて

$$\log \zeta(s) = \log\left(\prod_p \frac{1}{1-\frac{1}{p^s}}\right) = \sum_p \log\left(\frac{1}{1-\frac{1}{p^s}}\right)$$

$$= \sum_{p:\text{素数}} \sum_{n=1}^{\infty} \frac{p^{-ns}}{n} \quad ((5)\text{による})$$

$$= \sum_{p:\text{素数}} p^{-s} + \sum_{p:\text{素数}} \sum_{n=2}^{\infty} \frac{p^{-ns}}{n} \tag{6}$$

一方，$1<s<s'$ のとき $\zeta(s)>\zeta(s')$ で $\lim_{s\to 1}\zeta(s) = +\infty$.

したがってまた

$$\lim_{s\to 1} \log \zeta(s) = +\infty$$

となる．

ここで(6)の第2項に現われている級数は $s \geq 0$ で収束することを示そう．

$$\sum_{p:\text{素数}} \sum_{n=2}^{\infty} \frac{p^{-ns}}{n} = \sum_{p:\text{素数}} \sum_{n=2}^{\infty} \frac{1}{np^{ns}} < \sum_{p:\text{素数}} \sum_{n=2}^{\infty} \frac{1}{p^{ns}}$$

$$= \sum_{p:\text{素数}} \frac{1}{1-p^{-s}} \frac{1}{p^{2s}} \quad (\text{等比級数の和の公式})$$

$$= \sum_{p:\text{素数}} \frac{1}{p^s(p^s-1)} \leq \sum_{p:\text{素数}} \frac{1}{p(p-1)}$$

$$\leq \sum_{n=2}^{\infty} \frac{1}{n(n-1)} = \sum_{n=2}^{\infty} \left(\frac{1}{n-1} - \frac{1}{n}\right) = 1$$

したがって，$s \to 1$ のときを考えると，(6)の左辺が発散しているのだから，右辺の第1項も発散しなければならず，したがって

$$\sum_{p:\text{素数}} \frac{1}{p} = +\infty$$

となることがわかる．　　　　　　　　　　　　　　　　　（証明終り）

♣ $\sum_{p:\text{素数}} \frac{1}{p}$ が大きくなるスピードは非常にゆっくりしたもので，あきれるような話だが，5000万番目の素数まで加えてみても，この部分和の値はまだ4に達しないのである！　このことは，たとえスーパーコンピューターを使ったとしても，$\frac{1}{2}+\frac{1}{3}+\frac{1}{5}+\frac{1}{7}+\frac{1}{11}+\cdots$ が収束するのか，発散するのかを数値計算だけからは推定することができないことを意味している．

## 数論とベキ級数

　オイラーは，数論に関する問題を解析の問題におき直して考えようとする魔法の杖をもっていたようである．
　フェルマがカルカヴィにあてた手紙の中に記している次の問題は，オイラーの興味をそそったのである．

"すべての自然数は，4個の自然数（この中には0を含んでもよいとする）の平方の和として表わせるか？"

たとえば，簡単な例で確かめてみると

$$23 = 1+2^2+3^2+3^2$$
$$165 = 1+2^2+4^2+12^2 = 1+8^2+10^2$$
$$167 = 1+2^2+9^2+9^2 = 1+3^2+6^2+11^2$$

となっている．
　オイラーは，この問題に対し，$|x|<1$ で収束するベキ級数

$$f(x) = 1+x+x^4+x^9+x^{25}+x^{36}+\cdots$$

を考え，このベキ級数の4乗

$$\{f(x)\}^4 = \sum_{n=0}^{\infty} \tau(n) x^n$$

を詳しく調べようとした．すぐ確かめられるように，このベキ級数

の $x^n$ の係数 $\tau(n)$ は，$n$ を 4 個の自然数(0 も含めて)の平方の和に分ける分け方の個数を示している．もし，すべての $n$ に対し，$\tau(n) > 0$ がいえれば，フェルマの提起した問題が解けたことになる．この問題自身は，ラグランジュによって最初に肯定的な解答が与えられた．それは整数論的な考察によるものであった．オイラーのこの考えにしたがって，解析的な方法で $\tau(n) > 0$ を示したのはヤコビであった．ヤコビは楕円関数の理論を用いて，この証明に成功したのである．

分割数にもオイラーは関心をもった．分割数 $p(n)$ とは，自然数 $n$ を，自然数の和として分ける分け方の個数のことである．たとえば

$$5 = 4+1 = 3+2 = 3+1+1 = 2+2+1 = 2+1+1+1$$
$$= 1+1+1+1+1$$

だから

$$p(5) = 7$$

である．$p(n)$ は，$n$ が大きくなると，急激に大きくなっていく．$p(10)=42$, $p(100)=190569292$ であり，$p(14031)$ は 127 桁の数となる！

オイラーはこの分割数 $p(n)$ を調べるにも解析的な方法を使おうとして，まず

$$\sum_{n=0}^{\infty} p(n) x^n$$

というベキ級数を考えることからスタートする．$p(n)$ は $n$ が大きくなると，"巨大な数" となってくるが，それでも上のベキ級数は $|x|<1$ で収束している．オイラーは，このベキ級数は

$$\sum_{n=0}^{\infty} p(n) x^n = \prod_{m=1}^{\infty} \frac{1}{1-x^m}$$

と無限積によって表わされることを示した．ところがこの分母の積

$$(1-x)(1-x^2)(1-x^3)(1-x^4)(1-x^5)(1-x^6)\cdots$$

を実際展開してみると

$$1-x-x^2+x^5+x^7-x^{12}-x^{15}+\cdots$$

となり，このベキの現われ方は，まったく不規則な様相を呈している．オイラーは厖大な数値計算を行なって，このベキ級数の規則を見きわめようとした．何年かのち，オイラーは結局次の結果を見出したのである．

$$\prod_{m=1}^{\infty}(1-x^m) = \sum_{k=-\infty}^{+\infty}(-1)^k x^{(3k^2+k)/2}$$
$$= \sum_{k=0}^{\infty} 1+(-1)^k (x^{(3k^2-k)/2}+x^{(3k^2+k)/2})$$

このオイラーの解析的視点は，その後の分割数の研究にはっきりした指針を示すことになった．

# 問題の解答

**月曜日**

[1] まず $a_n \leq \alpha$ $(n=1,2,\cdots)$ により，$a_n^2 \leq \alpha^2$ $(n=1,2,\cdots)$ となり，$a_1^2 \leq a_2^2 \leq \cdots$ は上に有界であることを注意しておこう．$\alpha^2-a_n^2=(\alpha+a_n)\times(\alpha-a_n)\leq(\alpha+\alpha)(\alpha-a_n)=2\alpha(\alpha-a_n)$ により，たとえば，$a_n$ が $\alpha$ のまわり $\frac{1}{10000}$ の範囲に入るほど近づくと，$a_n^2$ は $\alpha^2$ から $2\alpha\times\frac{1}{10000}$ の範囲に入る．$\frac{1}{10000}$ はどんなに小さい数におきかえてもよいのだから，このことは $\lim_{n\to\infty}a_n^2=\alpha^2$ を示している．

[2] 上に有界だから，$\lim_{n\to\infty}a_n=\alpha$ は存在する．一般的な場合で述べるより，例で述べた方がわかりやすい．たとえば $\alpha=4.0082\cdots$ とする．ある番号 $N$ をとると，$n\geq N$ のとき，$a_n$ は $\alpha$ から $\frac{1}{1000}$ 以内の範囲に入る．このとき，$a_n=4.00\cdots$ と表わされる．さらに番号 $N_1$ を大きくとって，$n\geq N_1$ のとき，$a_n$ は $\alpha$ から $\frac{1}{10000}$ 以内の範囲に入るようにすると，$n\geq N_1$ のとき，$a_n=4.008\cdots$ と表わされる．このようにして，$a_n$ が $\alpha$ に近づくにつれ，$a_n$ の小数展開があたまから順に $\alpha$ の小数展開と一致してくる．

[3] $a_n$ を1つとり，$\varepsilon=\alpha-a_n$ とおくと，$\varepsilon>0$ である．$\lim b_n=\alpha$ だから，ある番号から先の $b_m$ はすべて $\alpha$ から $\varepsilon$ 以内の範囲になくてはならない．したがってこのような $b_m$ に対しては $a_n<b_m$ となる．同じようにして，どんな $b_n$ をとっても，$b_n<a_{m'}$ となるような $a_{m'}$ が存在することがわかる．

**火曜日**

[1] (1) 上限 1，下限 $-1$
  (2) 上限 $\frac{5}{2}$，下限 0
  (3) 上限 3，下限 2

[2] 数列 $a_1,a_2,\cdots,a_n,\cdots$ は収束するから有界な数列である．$|a_n|<K$ $(n=1,2,\cdots)$ とすると
$$|a_m^2-a_n^2|\leq|a_m+a_n||a_m-a_n|$$
$$\leq(|a_m|+|a_n|)|a_m-a_n|\leq 2K|a_m-a_n|$$
正数 $\varepsilon$ に対して，番号 $N$ を十分大きくとって $|a_m-a_n|<\frac{\varepsilon}{2K}$ とすると $|a_m^2-a_n^2|<\varepsilon$ となる．したがって収束条件(C)をみたすから，数列 $a_1^2$,

$a_2{}^2, \cdots, a_n{}^2, \cdots$ は収束する.

[3] 必ずしもいえない. たとえば $a_n = (-1)^n$ のとき, $a_1{}^2, a_2{}^2, \cdots, a_n{}^2,$ $\cdots$ はつねに 1 で, したがって 1 に収束しているが, $a_1, a_2, \cdots, a_n, \cdots$ は収束しない. (なお, $a_n \geqq 0$ $(n = 1, 2, \cdots)$ のときには, $a_1, a_2, \cdots, a_n, \cdots$ は収束する.)

[4] 正数 $\varepsilon$ に対して番号 $N$ をとって, $n \geqq N$ ならば $|a_n - \alpha| < \varepsilon$ のようにすると, $n_k \geqq N$ のような $k$ に対しては, $l \geqq k$ のとき $|a_{n_l} - \alpha| < \varepsilon$ となる. すなわち $a_{n_l} \to \alpha$ $(l \to \infty)$ が成り立つ.

### 水曜日

[1] $S_n = \dfrac{1}{4} + \dfrac{2}{16} + \cdots + \dfrac{n}{4^n}$ から $\dfrac{1}{4} S_n = \dfrac{1}{16} + \cdots + \dfrac{n}{4^{n+1}}$ を引いて

$$\left(1 - \dfrac{1}{4}\right) S_n = \dfrac{1}{4} + \dfrac{1}{16} + \cdots + \dfrac{1}{4^n} - \dfrac{n}{4^{n+1}}$$

$$= \dfrac{\dfrac{1}{4}\left(1 - \dfrac{1}{4^n}\right)}{1 - \dfrac{1}{4}} - \dfrac{n}{4^{n+1}}$$

ここで $\lim\limits_{n \to \infty} \dfrac{n}{4^{n+1}} = 0$ に注意する (これを示すには $A_n = \dfrac{n}{4^n}$ とおくと, $\dfrac{A_{n+1}}{A_n} = \dfrac{n+1}{n} \dfrac{1}{4} \leqq \dfrac{1}{2}$ $(n = 1, 2, \cdots)$ を使う). したがって $n \to \infty$ として, 級数の和が $\dfrac{4}{9}$ となることがわかる.

[2] 仮定から

$$a_n \leqq a_1 \left(\dfrac{1}{2}\right)^{n-1} \qquad (n = 1, 2, \cdots)$$

が得られる. したがって等比級数 $a_1 \sum \left(\dfrac{1}{2}\right)^{n-1}$ と比較することにより, $\sum a_n$ が収束することがわかる.

[3](2) $k = 3, 4, 5, \cdots$ に対して

$$\dfrac{1}{n^k} < \dfrac{1}{n^2}$$

が成り立つから, (1) の結果と比較定理により, $\sum \dfrac{1}{n^k}$ は $k = 3, 4, 5, \cdots$ で収束することがわかる.

[4] $\dfrac{1}{\sqrt{n}} > \dfrac{1}{n}$ と, $\sum \dfrac{1}{n}$ が発散することから, $\sum \dfrac{1}{\sqrt{n}}$ は発散級数であることがわかる.

## 木曜日

[1] この級数は絶対収束している．したがって項の順序をとりかえて和を求めることにより

$$\sum_{n=1}^{\infty}\frac{1}{3^{n-1}} - \sum_{n=1}^{\infty}\frac{1}{2^n} = \frac{3}{2} - 1 = \frac{1}{2}$$

[2] 正項に注目すると

$$1 + \frac{1}{3} + \frac{1}{5} + \cdots = +\infty$$

により，正項からなる部分級数は発散している．一方，負項に注目すると

$$-\frac{1}{2} - \frac{1}{2^2} - \cdots - \frac{1}{2^n} > -1$$

この2つのことから，この級数は発散することがわかる．

[3] 一般にはそうとはいえない．たとえば

$$1, -1, \frac{1}{2}, 1, -1, \frac{1}{2^2}, 1, -1, \frac{1}{2^3}, 1, -1, \frac{1}{2^4}, \cdots$$

という数列から得られる級数は，そのような反例を与えている．

## 金曜日

[1] (1) $\lim \dfrac{a_n}{a_{n+1}} = \lim \dfrac{n^2}{(n+1)^2} = 1$ により収束半径は $1$

(2) $\lim \dfrac{a_n}{a_{n+1}} = \lim \dfrac{2^n}{2^{n+1}} = \dfrac{1}{2}$ により収束半径は $\dfrac{1}{2}$

[2] $1 + \dfrac{1}{r}x + \dfrac{1}{r^2}x^2 + \dfrac{1}{r^3}x^3 + \cdots + \dfrac{1}{r^n}x^n + \cdots$ は収束半径 $r$ である．

[3] $|x| < r$ で

$$(\sum |a_n||x|^n)(\sum |b_n||x|^n) = \lim_{n \to \infty} \sum_{0 \leq i,j \leq n} |a_i||b_j||x|^{i+j}$$

が成り立つ（67頁参照）．ところが右辺は級数 $\lim\limits_{n \to \infty} \sum\limits_{0 \leq i,j \leq n} a_i b_j x^{i+j}$ が $|x| < r$ で絶対収束していることを示している．したがって項の順序をとりかえてよい．この級数は複雑そうだが，$a_i x^i \cdot b_j x^j \, (i, j = 0, 1, 2, \cdots)$ の項をすべてとって得られた級数だから，$x^n$ でまとめ直すと，問題のベキ級数が得られる．

土曜日

[1](1) $f(x)=\sum a_n x^n$, $g(x)=\sum b_n x^n$ とおくと，仮定から，収束域の内部で $f(x)=g(x)$. したがって $f^{(n)}(0)=g^{(n)}(0)$ $(n=1,2,\cdots)$ となり，$a_n=\dfrac{1}{n!}f^{(n)}(0)=\dfrac{1}{n!}g^{(n)}(0)=b_n$ が示された．

(2) 整式は，ある番号 $N$ があって $b_{N+1}=b_{N+2}=\cdots=0$ であるようなベキ級数 $\sum b_n x^n$ であると考えられる．したがって(1)から(2)がでる．

[2] $f(x)=(1+x)^n$ とおくと
$$f^{(k)}(x) = n(n-1)\cdots(n-k+1)(1+x)^{n-k}$$
したがって
$$f^{(k)}(0) = n(n-1)\cdots(n-k+1)$$
となる．これから $x^k$ の係数 $\dfrac{1}{k!}f^{(k)}(0)$ が $\binom{n}{k}$ に等しいことがわかる．

[3] $\alpha$ が $0,1,2,3,\cdots$ のときは，右辺のベキ級数は $x^{\alpha+1}$ 以上の係数が $0$ となり整式となる．このときは収束半径は $+\infty$，それ以外のときは

$$\left|\frac{a_n}{a_{n+1}}\right| = \frac{(n+1)!}{n!}\left|\frac{\alpha(\alpha-1)(\alpha-2)\cdots(\alpha-n+1)}{\alpha(\alpha-1)(\alpha-2)\cdots(\alpha-n+1)(\alpha-n)}\right| = \left|\frac{n+1}{\alpha-n}\right|$$
$$\longrightarrow 1 \quad (n\to\infty)$$

したがって収束半径は $1$ に等しい．

# 索　引

## あ　行

アルキメデス　4, 54
一般の二項定理　121
上に有界な集合　27
オイラー　73, 97, 98, 102, 130, 131
オイラー積　135
オーレル　56

## か　行

開区間　26
下極限　39
下限　25, 29
関数　96, 106, 120
カントル　14
級数　45, 80
　——の和　45
極限値　8
区間縮小法　23
グランディ　57
減少数列　16
公比　47
項別積分の定理　118
項別微分の定理　118
コーシー　35, 60
コーシー・アダマールの定理　91
コーシーの定理　33, 50
$\cos x$　119

## さ　行

$\sin x$　119
指数関数　118
四則演算と極限　63
下に有界な集合　27
実数　6, 7, 8, 20
　——の連続性　8
実数論　20
集合　25
収束
　級数の——　45, 50
　数列の——　9, 32
　正項級数の——　50
　等比級数の——　49
収束域　95
　——の内部　96
収束する　10
　——条件　32
収束半径　91
上極限　39
上限　25, 28
条件収束　73, 80
初項　47
数直線　6
数列　30
スワインズヘッド　55
正項級数　50
　——の順序交換可能性　52
整式　84
ゼータ関数　135
絶対収束　70, 80
切断　11, 17, 19, 24
増加数列　9
素数　132
素数分布　96, 136
祖沖之　4

## た　行

近づく　6
ディリクレ　73
デカルト　14, 120
デデキント　14, 36
デデキントの連続性　17, 23
等比級数　47
等比数列　47

## な　行

二項定理　121
ニュートン　97, 121

## は　行

$\pi$　3, 4, 97
発散する　45, 80

半開区間　26
比較定理　50
フェルマ　14, 120, 138
部分級数の和　68
分割数　139
閉区間　26
ベキ級数　86
　——と関数　95
　——の係数　86
　——の係数の表示　115
　——の高階微分可能性　114
　——の微分可能性　110
　——の不定積分　116
　——の連続性　114
　$a$ を中心とする——　127
ベルヌーイ　103, 131
ベルヌーイ数　135
変数　15, 86

### ま 行

無限小数　7

無限積　96
無理数　4, 5
無理数論　20
メレー　36

### や 行

ヤコビ　139
有界
　上に——　9, 27
　下に——　16, 27
ユークリッド　132
有理数　19

### ら 行

ライプニッツ　57, 103
ラグランジュ　60, 73
ラプラス　35, 60, 73

### わ 行

ワイエルシュトラス　14, 36

■岩波オンデマンドブックス■

数学が育っていく物語 第1週
極限の深み――数列と級数

|  |  |  |
| --- | --- | --- |
| 1994年4月5日 | 第1刷発行 |
| 2000年6月26日 | 第9刷発行 |
| 2018年9月11日 | オンデマンド版発行 |

著　者　志賀浩二（しがこうじ）

発行者　岡本　厚

発行所　株式会社　岩波書店
　　　　〒101-8002　東京都千代田区一ツ橋2-5-5
　　　　電話案内　03-5210-4000
　　　　http://www.iwanami.co.jp/

印刷／製本・法令印刷

© Koji Shiga 2018
ISBN 978-4-00-730808-6　　Printed in Japan